뇌를
둘러싼
오해와
진실

이 도서의 국립중앙도서관 출판예정도서목록(CIP)은 서지정보유통지원시스템 홈페이지(http://seoji.nl.go.kr)와
국가자료종합목록 구축시스템(http://kolis-net.nl.go.kr)에서 이용하실 수 있습니다.
CIP제어번호: CIP2020016635(양장), CIP2020016634(무선)

뇌를 둘러싼 오해와 진실

신회를
바로잡는
신경과학
이야기

크리스천 재럿 지음 | 이충헌·김재상·최준우 옮김

GREAT MYTHS OF THE BRAIN

by Christian Jarrett

이 책을 집필할 용기를 주신
사랑하는 나의 어머니에게

요즘 들어 사람들의 뇌에 대한 관심이 갑자기 많아졌다. 2016년 3월 9~15일 서울에서 개최되었던 구글의 인공지능 '알파고'와 이세돌 9단의 다섯 번의 바둑 대국에서 알파고가 네 번의 승리를 거두면서, 전 세계 언론이 인공지능의 무한한 가능성과 위험을 보도했다. 이전에 천체 과학자이며 미래학자인 스티븐 호킹Stephen Hawking이 인공지능은 인류의 멸망을 가져올 것이라고 예견했을 때만 해도 사람들은 그저 경고 정도로 여겼지만, 이제는 그 위험성이 어쩌면 현실이 되어가고 있는지도 모른다는 막연한 두려움과 불안으로 인해서 뇌에 관한 우리의 관심과 호기심은 어느 때보다도 높아지고 있다.

『뇌를 둘러싼 오해와 진실: 신화를 바로잡는 신경 과학 이야기』는 인간의 뇌에 대해 일반인이 얼마나 많은 관심을 가지고 있고, 또 얼마나 잘못 알고 있는지에 대해 적합한 주제와 내용을 선정해 쓴 책이다. 맨체스터 대학교에서 인지 신경 과학을 전공하고, 영국 심리학회가 발행하는 잡지의 편집인이자 심리학 분야 학술지에도 많은 기고를 한 크리스천 재럿은, 뇌 과학이나 인간 심리학 분야에서 전통적으로 흥미로운 주제가 되어왔으나 아직도 미완의 숙제로 남아 있는 41가지 질문을 '신화'의 형식으로 던지면서 독자의 호기심과 구미를 돋운다. 예를 들어 "여성의 뇌가 남성의 뇌에 비해서 균형이 더욱 잘 잡혔다" 같은 흥미로운 주제들에 대해 저자는 역사적인 배경, 이제까지 풀어낸 과학적인 답들, 더 나아가서 현재에도 진행되고 있는 최신 연구 내용과 결과, 그리고 그 사회적인 파장들을 재미있게 풀어가면서도 과학적 상식의 깊이를 놓치지 않는다.

인류는 스스로 만물의 영장을 자처하면서, 인류 고유의 언어·예술·창조·수리·추리·추론·사고 능력을 사용해 현재 우리가 누리고 있는 찬란한 문화와 문명을 성취해 왔다. 인류가 지구상에 존재하는 한, 인류의 이러한 지적·예술적·과학적·창조적 행위는 계속될 것이며, 이와 함께 인류는 자신이 이루어낸 신화의 원동력이라고 여기는 뇌에 관해 알기 위해서 그 어느 때보다도 치열한 노력을 기울일 것이다.

『뇌를 둘러싼 오해와 진실: 신화를 바로잡는 신경 과학 이야기』를 기획하고 번역할 기회를 주신 카이스트 인문사회과학과 조애리 교수님과 한울엠플러스 김종수 사장님에게 감사드린다.

2020년 5월

이명철·김재상·최준호

감사의 글

2011년 와일리블랙웰 출판사의 앤디 퍼트Andy Peart는 나에게 이 책을 써달라고 요청했다. 그 후로도 지속적으로 보여준 앤디의 지지와 호의에 감사한다. 이 책이 만들어지기까지 수고한 캐런 실드Karen Shield, 리아 모린Leah Morin, 앨터 브리지스Alta Bridges 같이 부지런한 편집인에게도 감사한다. 이 책의 연재물 편집자인 스콧 릴리언펠드Scott Lilienfeld 교수 그리고 스티브 린Steve Lynn 교수의 경험과 지식의 도움을 받은 것은 커다란 행운이었다.

이들이 편집한 『대중 심리에 관한 50가지 신화50 Great Myths of Popular Psychology』(존 루시오와 배리 베이어스타인 지음)는 이 장르 책의 기준을 만들었고, 집필 과정에서 필자에게 믿고 의지할 수 있는 권위와 용기를 제공했다. 원고를 읽어준 친구이자 동료인 톰 스태퍼드Tom Stafford, 캐런 헉스Karen Hux, 우타 프리트Uta Frith, 존 사이먼스Jon Simons, 찰스 퍼니호Charles Fernyhough가 할애해 준 시간과 지도에 감사한다. 또한 수많은 연구자가 자신의 논문을 보내주고 질문에 답해주었다. 책 내용에 실수가 있다면 모두 나의 책임이다. 특히 뇌에 관한 신화에 대해 매일 틀린 점을 지적하는 능력 있고 경험 많은 블로거인 '뉴로스켑틱', '뉴로크리틱', '뉴로봉커스', '마인드핵스'의 본 벨Vaughan Bell, '뉴로볼록스'의 맷 월Matt Wall, ≪가디언≫의 딘 버넷Dean Burnett과 모 코스탄디Mo Costandi에게 특히 감사한다. 폐기된 뇌 신화를 조사할 때 많은 도움을 준 역사학자 찰스 그로스Charles Gross와 스탠리 핑거Stanley Finger에게도 특별히 감사한다. 책 내용 일부는 ≪사이콜로지투데이≫ 블로그(www.psychologytoday.com/blog/brain-myths)와 ≪와이어드≫(www.wired.com/category/brainwatch/)에 나와 있다는 것을 알려둔다. 그리고 책에 인용한 전문가의 글 일부는 ≪사이콜로지스트≫에서 기사를 쓸 때 사용한 것이다. 박사학위 과정에 있을 때 어머니께서 용기를 북돋워

주시지 않았다면 나는 지금과 같은 저술가가 되지 못했을 것이다. 어머니는 원고를 매의 눈으로 읽어주시고, 건설적인 의견을 제시해 주셨다. 어머니, 나를 믿어주셔서 고맙습니다!

마지막으로 아내 주드, 올해 태어난 찰리, 로즈 쌍둥이 자매를 포함한 나의 자랑스러운 가족에게 모든 것이 고맙다고 말하고 싶다. 모두 사랑해!

2014년 6월
크리스천 재럿

차례

2013년 4월, 버락 오바마 대통령은 "인간은 수십 광년 떨어져 있는 은하계를 발견하고, 원소보다 작은 입자를 연구한다. 그러나 아직도 우리의 두 귀 사이에 있는 1.4킬로그램 무게의 물질에 대한 수수께끼는 풀지 못했다"라고, 수천만 달러의 투자가 이루어지는 브레인 이니셔티브BRAIN Initiative의 출범에 맞추어 말했다. BRAIN은 'Brain Research through Advancing Innovative Neuro-technologies(창조적 신경 기술의 발전을 통한 뇌 연구)'의 앞 글자를 따서 만든 명칭이다. 같은 해 EU는 인간의 뇌를 컴퓨터 모델화하기 위해 10억 유로를 투자한 '인간 뇌 연구 과제Human Brain Project'의 시작을 발표했다(144쪽 참조).

　뇌에 대한 관심은 새로운 것이 아니다. 1990년 당시 조지 H. W. 부시 미국 대통령은 1990년대를 '뇌의 10년'이라고 명명했고, 많은 행사와 출판이 그 뒤를 이었다. 이후 신경 과학 분야에 대한 관심과 투자는 점점 늘어났고, 일부 사람들은 21세기를 '뇌의 세기'라고 부르기도 했다.

　'신경'이라는 수식어가 붙은 모든 것에 대한 뜨거운 관심과는 대조적으로, 뇌에 관한 우리의 지식이 제한되어 있다는 오바마 대통령의 평가는 정확하다. 우리는 많은 진전을 이루어냈지만 거대한 수수께끼는 그대로 남아 있다. 부분적 지식은 위험할 수 있으며, 바로 열광과 무지라는 맥락 속에서 뇌에 관한 신화가 증폭되어 왔던 것이다. 뇌에 관한 신화라 함은 뇌와 뇌 질환에 관한 혹설 그리고 오류를 말하는 것이며, 일부는 너무나 깊이 뿌리박혀 있어 많은 사람들이 당연시하고 일상 대화에서도 사용한다.

　오해와 억측이 난무하는 가운데, 올바른 신경 과학과 신화를 구분하는 것은 갈수록 힘들어지고 있다. 한 과학 블로거(neurobollocks.wordpress.com)는 이런 신화를 신경 유언비어, 신경 과대 홍보, 신경 무용지물, 신경 쓰레기, 신경 난센스 등으로 부른다. 예컨대 일간지 머리기사에는 특정 감정을 조절하는 뇌 부위가 발견되었다고 나오기도 한다. 또한 아무 데나 '신경'이라는 접두사를 붙여 뉴로 리더십이나 뉴로 마케팅 같은 신조어를 만들어낸다(248쪽 참조). 일부 비주류 심리 치료사와 자기 계발 전문가는 신경 생물학 용어를 서슴지 않고 남용하며, 결과적으로 뇌에 관한 신화와 자기 계발에 관한 과대 선전을 섞어 퍼트린다.

2014년 한 신문 기자와 지나치게 열정적인 신경 생물학자가 이란 핵무기 협상 과정을 기초 뇌 과학의 관점에서 설명하려 한 적이 있다.[1] ≪애틀랜틱The Atlantic≫에 기고한 글에서 이 저자들은 역사적 상황과 형평성에 대한 인식에 관해 좋은 지적을 하기는 했다. 그러나 이들은 역사적 그리고 심리적 식견을 신경 생물학적으로 묘사하거나 쓸데없이 뇌와 연관을 지으면서 스스로 신뢰도를 깎아내렸다. 마치 기사를 쓰기 전에 자신들의 뇌를 어딘가에 갖다 버린 사람처럼 정치와 역사에 대한 흥미로운 관점을 제시하고, 그것을 신경 과학과 연결 지어 궤변을 토해낸 느낌이었다.

이 책은 "우리는 뇌의 10퍼센트만 쓴다"(77쪽 참조)와 같은 일반적 오해부터 "뇌전증 환자가 발작 중 혀를 깨물지 않게 하려면 입에 무언가를 물려야 한다"(356쪽 참조) 같이 전문 지식처럼 들리는 위험한 오해까지, 사라지지 않는 뇌에 관한 신화와 잘못된 지식이 무엇인지 알려줄 것이다. 또한 작가, 영화 제작자, 사기꾼이 어떻게 영화 내용과 신문의 머리기사를 통해 신화를 퍼트리는지 예를 제시할 것이다. 나는 이러한 신화의 기원이 무엇인지 밝히고, 최신의 과학적 합의를 바탕으로 뇌가 어떻게 기능하는지 최선을 다해 그 진실을 밝힐 것이다.

신경 관련 신화 타파의 시급성

암스테르담 자유대학교의 사너 데커르Sanne Dekker 박사는 영국과 네덜란드 교사 수백 명을 대상으로 실시한 설문에서 놀랄 만한 결과를 얻었다. 교사들은 뇌와 관련된 명제 32개 속에 숨은 신경 관련 신화 15가지를 사실로 받아들였다.[2] 주목할 것은 이들이 일반 교사가 아니고 신경 과학 지식과 기술을 이용해 교육 효과를 높이는 데 관심이 많은 교사였다는 점이다.

이들이 믿는 신화 가운데 하나는 사람을 우뇌로 학습하는 집단과 좌뇌로 학습하는 집단으로 분류할 수 있다는 것이다(82쪽 참조). 또 다른 하나는 신체 동작의 조정 연습이 좌뇌와 우뇌의 기능적 융합을 돕는다는 것이다. 뇌 기능을 바탕으로 하는 엉터리 수업 기법에 관련된 신화(272쪽 참조)가 교사의 지지를 받는다는 점이 우려스러운데, 가장 당혹스러운 부분은 뇌에 관한 일반 지식이 많으면 많을수록 이러한 신화를 더욱 더 신봉한다는 것이었다. 이것이야말로 부분적인 지식이 얼마나 위험한가를 보여주는 사례라고 할 수 있다.

만약 차세대 교육자가 뇌와 관련된 신화의 유혹에 빠지는 것이 현실이라면, 이것은 우리가 제대로 된 신경 과학과 신화의 차이를 대중에게 잘 알려야 할 필요가 있다는 것을 말해준다. 이러한 필요성은 올바른 정보를 제공하는 것만으로는 충분치 않다는 연구 결과를 통해서 더욱 잘 드러난다. 심리학 전공 학생을 포함해 많은 사람이 여전히 10퍼센트 뇌 사용설 등의 신화를 믿고 있는 것이 현실이다. 우리에게 필요한 것은 '반박 접근'이다. 즉, 뇌 관련 신화를 자세히 설명하고 오류를 폭로하는 방법인데, 이 책에서는 대부분 이 방법을 활용했다.

샌디에이고 대학교의 퍼트리샤 코월스키Patricia Kowalski 그리고 애넛 테일러Annette Taylor는 2009년에 심리학 전공 학부생 65명을 대상으로 두 가지 교육 기법을 비교했다.[3] 결과를 보면, 직접적으로 신경 과학과 심리학에 관한 신화를 반박하는 것은 단순히 올바른 사실을 제시하는 것보다 학기 말에 치른 허구와 사실을 구분하는 내용이 담긴 시험의 성적을 향상시켰다. 학기가 끝난 이후 분석에서도 전체 학생의 성적이 평균 34.3퍼센트 향상된 반면, 반박 접근법으로 배운 학생은 53.7퍼센트의 향상을 보였다.

우리가 신화를 타파해야 하는 중요한 이유는 대중 매체의 영향 때문이다. 런던 대학교 클리오드나 오코너Cliodhna O'Connor 박사 연구팀은 2000년부터

2010년 사이에 나온 영국의 뇌 연구 관련 언론 보도를 분석했는데, 그 결과에 따르면 언론은 빈번하게 새로운 신경 과학 연구 결과를 자신들이 의도대로 유용해 결과적으로 신화를 영속시키고 있었다(미국 언론이 신화를 퍼뜨리는 예도 본문에서 보게 될 것이다).[4]

뇌와 관련된 수천 개의 신문 기사 분석을 통해 오코너 박사는 기자들이 새로운 신경 과학적 발견을 새로운 신화로 변질시킨다는 것을 알아냈다. 예를 들면 미심쩍은 자기 계발 기법, 새로운 육아 방식, 혹은 불안감을 조장하는 건강 관련 경고 같은 것이 여기에 포함된다. 또 다른 테마는 신경 과학을 집단 간의 차이를 부각시키는 데 쓰는 것이다. 예컨대 '여성의 뇌' 혹은 '동성애자의 뇌' 같은 표현을 써서 특정 집단에 소속되거나 특정 정체성을 가진 사람은 모두 동일한 뇌를 가진 것처럼 묘사한다(93쪽 "여자의 뇌가 더 균형 잡혀 있다" 참조). 오코너 박사 연구팀은 결국 "신경 과학 연구가 적절한 맥락을 떠나 선정적인 머리기사를 뽑거나, 얄팍하게 감춰진 이념적 논지를 밀어붙이거나, 특정한 정책 목표를 뒷받침하는 데 이용된다"라는 결론을 내렸다.

이 책에 대하여

지금 읽고 있는 서론은 기초 뇌 구조, 관찰 기법, 그리고 용어에 대한 독본을 싣고 있다. 이후 나오는 1장은 신화 타파의 시작이며, 뇌에 대한 이해가 고대 이후 어떻게 변해왔는가, 더 이상 아무도 믿지 않는 신화가 어떻게 속담과 표현 속에 남아 있는가 등의 역사적 맥락을 보여준다. 예컨대 수 세기 동안 정신과 감정이 심장 혹은 마음속에 존재한다는 믿음과, 아직도 '마음이 아프다', '마음속 깊이 새겼다'와 같은 표현이 존재한다는 사실 등에 관한 내용이 포함된다. 2장은 역사적 고찰의 연장이며, 무지막지한 전두엽 절제술과 같이 심리학과 신경 과학 분야의 전설이 된 뇌 관련 수술을 다룰 것이다. 3장에서는 신경 과학 분야의 전설적인 인물의 인생과 뇌를 다룬다. 여기에는 철봉이 뇌를 뚫고 지나가는 사고에서 살아남은 19세기 철도공 피니스 게이지Phineas Gage 와, 약 100명의 심리학자와 신경 과학자에 의해 진단받았던 기억 상실 환자 헨리 몰레이슨Henry Molaison의 이야기가 포함된다.

4장에서는 뇌와 관련된 사라지지 않는 고전적인 신화를 다룰 것이다. 그 중 상당수가 익숙하게 다가올 것이고, 진실로 받아들였던 것도 있을 것이다. 여기에는 우뇌형 인간이 더 창조적이다, 우리는 뇌의 10퍼센트만을 쓴다, 여 자들은 임신 중에 정신줄을 놓는다, 신경 과학이 자기 자신에 대한 이해도를 높여준다 등의 이야기가 포함된다. 독자들은 이러한 신화에 일말의 진실이 있다는 것을 알게 되겠지만, 현실은 신화보다 훨씬 더 복잡 미묘하고 흥미롭 다는 것을 추가로 깨닫게 될 것이다.

5장에서는 '클수록 좋다'와 같이 뇌의 물리적 구조와 관련된 신화를 다룰 것이다. 그리고 뇌 속에 존재하는 특정 세포에 관한 신화도 자세히 살펴보고 자 한다. 거울 뉴런이 인간을 다른 동물과 다르게 만든다, 할머니를 생각할 때 반응하는 유일한 세포가 뇌 속에 존재한다 같은 이야기들이다.

다음 6장은 새로운 기술에 관련된 신화들이다. 언론에 자주 등장하는 화 제의 주장이 등장하며, 뇌 스캔으로 마음을 읽을 수 있다, 인터넷이 우리를 바보로 만든다, 반대로 컴퓨터 기반 뇌 트레이닝 게임이 우리를 똑똑하게 만 든다와 같은 이야기들이 포함된다.

끝에서 두 번째인 7장은 뇌가 어떻게 우리의 몸과 세상을 인지하는가를 다룬다. 우리에게 오감만 존재한다는 잘못된 인식을 뒤집고, 우리가 세상을 있는 그대로 정확히 보고 있다는 생각에 도전할 것이다.

마지막인 8장은 뇌 손상과 신경 질환에 관한 오해를 다룰 것이다. 영화 속에서 뇌전증과 기억 상실이 어떻게 묘사되는지 살펴보고, 기분 장애가 뇌 내 화학적 불균형에 의해 일어난다는 보편적인 믿음에 도전할 것이다.

겸허함이 필요하다

뇌에 관한 오해를 풀고 진실을 전하기 위해 논문 수백 편을 보고, 새로 나온 참고 도서를 수없이 읽고, 어떤 때는 세계적 전문가들에게 직접 연락도 했다. 가능한 한 객관적이고자 했으며, 모든 증거를 편견 없이 평가하고자 했다.

그러나 뇌와 관련된 신화를 연구하는 사람들이 바로 깨닫게 되듯이, 오늘의 신화는 어제의 진실이다. 나는 독자에게 최신 증거에 기초한 주장을 펼치되 겸허한 마음으로 한다는 것을 밝히고 싶다. 사실은 시간이 지나면 변할 수 있고, 사람은 실수를 할 수 있기 때문이다. 물론 과학적 합의는 진화할 수 있으나, 비판적이되 편견 없는 접근, 증거 평가 과정에서 유지해야 하는 균형감, 그리고 특정 목표가 아닌 진실 자체를 위해 진실을 추구하는 자세는 변함없이 필요한 덕목이다. 저자는 이러한 정신을 견지하며 이 책을 썼고, 독자가 스스로 뇌 관련 신화를 발굴하는 것을 돕기 위해 여섯 가지 지침을 이 글 뒤에 제시했다.

서론을 뇌 구조 설명으로 마무리 짓기에 앞서 독자들에게 뇌 관련 신화를 판단하는 데 오늘날에도 겸손함이 필요하다는 것을 보여주는 예를 제시하고자 한다. 신화는 직관적으로 마음이 끌리는 연구 결과에 관한 주장에서 시작되는 경우가 많다. 그러한 주장은 타당하고 상식적으로 들리며, 증거는 약하지만 얼마 가지 않아 당연한 사실로 받아들여진다. 형형색색의 뇌 스캔이 지나치게 매력적이고 설득력이 있다는 설은 다수의 선도적인 신경 과학자가 받아들이고 또 주장하는 보편적 아이디어였다. 그러나 최근 증거에 의하면 이는 현대의 뇌 관련 신화 중 하나인 것으로 보인다. 마사 패라Martha Farah 박사와 케이스 훅Cayce Hook 박사는 이 역설적 상황을 "'유혹적인 매력'의 유혹적인 매력"이라고 했다.[5]

뇌 스캔 이미지는 1990년대부터 유혹적이라고 묘사되어 왔으며, 오늘날 신경 생물학과 관련되어 언급될 때는 우리의 합리적 판단을 마비시키는 힘이 있는 것으로 설명된다. 심리학자 개리 마커스Gary Marcus 가 2102년에 ≪뉴요커

New Yorker≫에 쓴 뇌 영상 기술의 부상에 관한 (일부 오류를 제외하고) 매우 뛰어난 기사를 보면 "활동 중인 뇌의 영롱하고 형형색색인 사진은 관련 대중 매체에 고정적으로 등장하면서 사람들에게 인간의 마음을 이해하게 되었다는 잘못된 느낌을 주었다"라고 강조한다.[6] 2014년 초에는 스티븐 풀Steven Poole이 ≪뉴스테이츠먼New Statesman≫에서 다음과 같이 주장했다. "기능성 자기 공명 사진은 마치 종교의 우상과 같이 무비판적인 헌신을 야기한다."[7]

뇌 영상 이미지가 유혹적인 매력을 가졌다는 증거는 과연 무엇인가? 이는 불과 두 가지 연구 결과에 전적으로 의존한다. 2008년에 데이비드 매케이브David McCabe 박사와 앨런 카스텔Alan Castel 박사는 대학생들이 막대그래프나 뇌전도보다 기능성 자기 공명 뇌 스캔 이미지를 함께 보여주었을 때 특정 연구의 결론(이 경우는 TV 시청이 수학 실력을 신장시킴)을 더 잘 받아들인다는 것을 보여주었다.[8] 같은 해 디나 와이즈버그Deena Weisberg 박사와 공동 연구자는 일반인 어른과 신경 과학 전공 학생 모두 그 의미가 전무한데도 불구하고 신경 과학 관련 정보를 끼워 넣으면 잘못된 심리학적 설명에 더 높은 만족도를 보였다고 발표했다(이 논문의 제목은 「신경 과학 해석의 유혹적인 매력The Seductive Allure of Neuroscience Explanations」이다).[9]

그렇다면 뇌 영상 이미지가 유혹적인 매력을 가지고 있지 않다는 증거는 과연 무엇인가? 먼저 매케이브의 연구에 대해 패라와 훅 박사의 비평을 보면, 매케이브 박사의 연구팀은 다른 유형의 영상이 '정보 차원에서 동등'하다는 것은 사실과 다르다고 지적한다. 기능성 자기 공명 뇌 스캔 영상은 측두엽 내 활성의 위치와 모양을 보여주는 유일한 기법이며, 이러한 사실은 연구 결과에 대한 평가에 영향을 미치는 정보라는 것이다. 바로 이어 2012년에 데이비드 그루버David Gruber 박사와 제이컵 디커슨Jacob Dickerson 박사는 학생을 대상으로 한 연구에서 뇌 영상 사진의 제공은 새로운 과학 뉴스의 신빙성을 좌우하지 않는다고 밝혔다.[10]

뇌 스캔 이미지의 유혹적인 매력이 재현되지 않는 것은 비정상인가? 그렇지 않다. 2013년까지 최소 세 개 이상의 연구에서도 유사한 결과가 나왔다. 그중에는 988명의 자원자가 세 차례에 걸쳐 참여한 훅 박사와 패라 박사의 연구와, 2000명을 대상으로 10번의 반복 실험을 시행한 로버트 마이클 Robert Michael 박사의 연구도 있다.[11] 마이클 박사 팀에 따르면, 뇌 스캔 사진 제공이 연구 결과에 대한 신뢰도에 미치는 영향은 전반적으로 매우 미미하다고 한다.[12] 결론적으로 '영상이 과도한 영향력이 있다는 지속적인 믿음' 자체가 과장이라는 것이다.

그럼 왜 이렇게 많은 사람이 뇌 스캔 이미지가 유혹적이라는 생각에 유혹된 것일까? 패라 박사와 훅 박사는 뇌 스캔 기법을 쓰지 않는 일반 심리학자가 가진 불안감, 즉 뇌 스캔 기법이 모든 연구비를 독식할 것이라는 생각을 반영한다고 주장한다. 아마도 가장 큰 이유는 그럴듯하기 때문일 것이다. 뇌 스캔 이미지는 그냥 보기에도 매력적이며, 매력적인 이미지가 강한 설득력을 가질 것이라는 설은 믿기 쉽다. 물론 믿기는 쉽지만 틀릴 수도 있다는 것을 기억해야 한다. 즉, 뇌 스캔 영상이 미적으로 뛰어나 보일 수 있으나 한때 우리가 생각했던 것만큼 사람을 호도하지는 않는다는 증거가 있다는 것이다. 이것은 신경 과학에 대해 회의적 시각을 유지하되 새로운 뇌 관련 신화를 만들어내면 안 된다는 것을 상기시킨다.

<table>
<tr><td>신경에 관한
유언비어로부터
자신을 보호하는
방법</td><td>이 책은 가장 대중적으로 알려진 신경 관련 신화를 소개한다. 그러나 신화는 매일 새로 생긴다. 뉴스나 TV에 나오는 이야기에서 소설과 진실을 구분하는 데 유용한 여섯 가지 조언을 제시한다.</td></tr>
</table>

1. 무의미한 신경 관련 언급을 조심해라. 뇌를 거론한다고 해서 그 주장이 올바른 것은 아니다. 2013년에 《옵서버Observer》에서 신경 심리학자 본 벨Vaughan Bell 박사는 사회적·경제적 이유만으로도 이미 충분히 심각한 실업 문제가 더욱 중요한 이유는 '뇌에 물리적 영향'을 주기 때문이라고 말한 정치인에 대해 지적했다.[13] 이는 신경 생물학을 언급하는 것이 주장에 권위를 부여하거나 사회적·행동학적 문제를 실체감 있게 만든다는 그릇된 생각의 예이다. 또한 어떤 특정 상품이나 활동이 즐거움을 가져다주거나, 중독성 혹은 해로움을 가지고 있다는 근거로 뇌의 보상 회로가 활성화되거나 뇌에 다른 변화가 온다고 하면서 뇌 스캔

자료를 제시하는 신문 기사를 자주 보게 된다. 누군가 당신을 설득하려고 할 때는 다음 질문을 스스로에게 던져야 한다. 뇌 관련 언급이 이미 아는 것 이상의 유용한 정보를 제공하는가? 그 정보가 해당 주장의 진실성을 실제로 뒷받침하는가?

2. 이해 충돌이 있는가를 살펴보아라. 가장 충격적이거나 터무니없는 주장은 모종의 목표가 있는 사람이 개진한다. 책을 팔려고 하거나 새로운 유형의 훈련이나 치료법의 구매를 유도하는 것일 수 있다. 이런 사람들이 흔히 쓰는 작전이 뇌에 관한 이야기를 꺼내 자신의 주장을 뒷받침하는 것이다. 자주 나오는 주제 중 하나가 새로운 첨단 기술이나 현대 생활의 일부분이 뇌에 나쁜 영향을 준다는 것이다. 혹은 반대로 새로운 훈련이나 치료가 영구적으로 뇌에 유익한 변화를 가져온다고 주장하기도 한다(285쪽과 265쪽 참조). 이러한 주장은 대부분 추정에 불과하며, 신경 과학자나 심리학자가 자신의 진정한 전공 분야를 벗어나 이야기할 때 나오곤 한다. 이럴 땐 이해관계가 없는 독립적인 전문가의 의견을 구해야 한다. 그리고 그 주장이 같은 분야에 종사하는 전문가가 평가하고 인정한 증거로 지지되는지 검증해야 한다(아래의 "5. 수준 있는 연구를 구분할 줄 알아야 한다" 참조). 대부분의 전문 학술지는 논문 말미에 저자로 하여금 이해 충돌 여부를 밝히게 한다.

3. 엄청난 주장은 의심하고 봐라. 노라이MRI No Lie MRI는 뇌 스캔을 이용해 거짓말 탐지 서비스를 제공하는 미국 회사다. 이 회사의 홈페이지를 보면 "노라이MRI는 인류 역사상 최초이자 유일하게 진실 확인과 거짓 탐지를 직접 측정하는 기술을 사용한다"라고 나온다. 달콤하게 들리는가? 그러면 아마도 사실이 아닐 것이다(244쪽 참조). '혁명적인', '최초로', '끄집어내다', '숨겨진', '몇 초 안에' 같은 문구가 뇌와 관련해 쓰일 때는 조심해야 한다. 허실을 조사하는 방법 중 하나는 주장하는 사람의 경력을 살펴보는 것이다. 만약 누군가가 단 몇 초 안에 숨은 잠재력을 끄집어내는 혁명적이고 새로운 뇌 기술을 개발했다고 주장한다면, 왜 스스로에게 적용해 인기 최고의 예술가가 되거나 노벨상을 타거나 올림픽에 나가지 않았냐고 물어봐야 할 것이다.

4. 유혹적인 은유에 주의하라. 우리 모두 인생의 균형과 평정을 원하지만, 이런 추상적 균형은 뇌의 두 반구 사이의 활동 균형이나 다른 신경 활동의 정도와 아무런 상관이 없다. 물론 일부 자기 계발 전문가는 전혀 개의치 않고 '좌뇌와 우뇌 간 균형'을 들먹여 생활 양식과 관련된 조언에 과학적 요소를 가미한다. 마치 생활과 일의 균형을 위해 균형 잡힌 뇌가 필요한 것처럼 말이다. 누군가 비유적 개념(예를 들면 '깊은 생각')을 실제 뇌의 활동(예를 들면 '뇌의 심부')과 관련지어 이야기한다면, 그것은 아마 쓸모없는 이야기일 것이다. 또 완전히 새로운 뇌 구조나 영역이 제시될 경우에도 조심해야 한다. 2013년 2월 ≪데일리메일Daily Mail≫은 독일의 신경 과학자가 발견했다며, 뇌의 '중앙엽central lobe'에 '흑색 부위dark patch'가 있으면 살인범이나 강간범이라고 보도했다.[14] 그러나 뇌에 중앙엽이란 부위는 존재하지 않는다(98쪽도 함께 참조).

5. 수준 있는 연구를 구분할 줄 알아야 한다. 경험담 같은 것은 조금 생각해 보고 적절히 무

시해야 한다. 뇌 기능 조절에 관한 효율을 제대로 조사하려면 무작위적이어야 하고, 이중맹검법double-blind studies을 써야 하며, 위약 효과에 대비해야 한다. 예컨대 조절의 대상자가 본인이 실제 약을 받았는지 아니면 위약을 받았는지 모르고, 연구자도 어떤 실험 대상자가 위약과 진짜 약 중 어느 것을 받는지 몰라야 한다는 뜻이다. 이런 방법은 동기, 기대, 그리고 편견이 결과에 영향을 미치는 것을 방지한다. 많은 실험이 이런 조건을 갖추지 못한 것이 현실이다. 뇌에 관한 주장을 가장 잘 뒷받침하는 것은 이른바 메타분석meta-analysis•에서 나오는 증거이다. 따라서 가능한 한 이러한 증거를 찾도록 노력해야 한다. 메타분석은 주어진 분야 내 실험 및 시험에서 나온 모든 증거를 종합해 특정 치료가 효용성이 있는지, 그리고 선전만큼 실제로 차이가 나는지 정확한 결론에 도달하는 데 도움이 된다.

6. 인과 관계와 단순 상관관계를 구분할 줄 알아야 한다. 많은 신문 기사에 나오는 뇌 관련 내용은 상관관계를 짤막하게 설명한 것이다. 예를 들면 "X 활동을 많이 하는 사람은 뇌의 Y 부위가 크다" 같은 내용이다. 이는 단순 상관관계 이상을 보여주지 않으며, X 활동이 Y 부위를 정말 크게 만들었는지는 알 수 없다. 인과 관계는 반대로 갈 수도 있고(즉, Y 부위가 큰 사람이 X 활동을 더 많이 한다), 다른 제삼의 요소가 둘 모두에 영향을 줄 수도 있다. 믿을 가치가 있는 과학 분야 기사나 뉴스는 이러한 한계를 상기시킨다. 본인의 초기 가설이나 믿음을 뒷받침하는 증거에만 집중하는 저자들은 이른바 '확증 편향'에 빠지기 쉽다. 이것은 인간적 성향이기는 하나, 양심적인 과학자와 언론인이 진실을 추구하려면 신중하게, 의식적으로 피해야 한다.

위의 여섯 조언은 진정한 신경 과학자와 사기꾼을, 제대로 된 뇌 관련 뉴스와 과대 포장을 구분하는 데 도움이 될 것이다. 최근에 나온 이야기에 대해 확신이 서지 않는다면 다음의 유쾌하고도 신중한 블로거들이 해당 문제에 대해 어떤 의견을 밝혔는지 찾아볼 수 있다.

- 마인드핵스: www.mindhacks.com
- 뉴로스켑틱: blogs.discovermagazine.com/neuroskeptic/
- 뉴로크리틱: neurocritic.blogspot.co.uk
- 뉴로볼록스: neurobollocks.wordpress.com
- 뉴로봉커스: neurobonkers.com

그리고 ≪와이어드≫에 있는 필자의 신경 과학 블로그도 방문할 것을 권한다.

- 브레인워치: www.wired.com/wiredscience/brainwatch/

• [옮긴이] 동일하거나 유사한 주제로 연구된 많은 연구물의 결과를 객관적으로, 계량적으로 종합해 고찰하는 연구 방법이다.

뇌의 구조, 관찰 기법, 용어 입문서

만약 독자가 인간의 뇌를 들어본다면, 첫 번째로 와 닿는 느낌은 상당히 무겁다는 사실일 것이다. 1.4킬로그램 정도 나가는 인간의 뇌는 상당히 높은 밀도를 가진다. 또, 바로 뚜렷하게 패인 골이 보일 것이다. 앞뒤로 난 이 골은 대뇌 종렬이라 불리는데, 뇌를 **반구**hemisphere라고 불리는 좌우 두 부위로 분리한다(217쪽 〈그림 1〉 참조). 두 반구는 뇌 내부 깊은 곳의 **뇌량**corpus callosum이라는 굵은 신경 섬유질로 연결되어 있다(217쪽 〈그림 2〉 참조). 스폰지 같은 질감을 가진 바깥쪽 층은 **대뇌 겉질** 혹은 **대뇌 피질**cerebral cortex로 불리며 주름진 모습을 하고 있다. 해부학에서는 **열회**gyri와 **열구**sulci라고 불리며, 언덕과 계곡이 얽혀 있는 모습이다.

대뇌 피질은 다섯 개의 **엽**lobe으로 나뉜다. 앞쪽의 전두엽frontal lobe, 위쪽의 두정엽parietal lobe, 양 옆에 위치한 두 개의 측두엽temporal lobe, 뒤쪽의 후두엽occipital lobe이 여기에 해당된다(〈그림 1〉 참조). 각 엽은 신경 기능의 일부와 연계되어 있다. 전두엽은 자기 제어와 신체 운동에 중요하다. 두정엽은 감각 기능과 지각 기능을 조절한다. 후두엽은 초기 시각 정보 처리에 필요하다. 특정 신경 기능이 어느 정도까지 특정 부위에 국한되어 있는가는 신경 생물학의 역사와 함께하는 논란이며, 오늘까지도 계속되고 있다(63쪽, 69쪽, 112쪽 참조).

뒤쪽에 달린 꽃양배추같이 생긴 것은 **소뇌**cerebellum로, 하나의 작은 뇌처럼 보이는 것이 특징이다. 소뇌 역시 두 개의 반구로 이루어져 있고, 놀랍게도 전체 부피의 10퍼센트를 차지하지만 뉴런의 반 정도를 가지고 있다. 오랫동안 소뇌는 학습과 운동 제어(즉, 신체 움직임의 조절)와 연계되었으나 최근에는 감성, 언어, 통증, 기억 등의 현상과도 관련 있다고 알려져 있다.

뇌를 높이 들어 아래쪽을 보면 정상적인 상황에서는 **척수**spinal cord와 연결된 **뇌간**brain stem이 아래로 뻗어 있는 것을 확인할 수 있다. 뇌간은 위로는 뇌 안쪽으로 눈높이까지 이른다. 뇌간에는 **연수**medulla와 **교뇌**pons 같은 부위가 있고, 호흡과 심장 박동 조절 같은 기초적인 생명 유지 기능을 가지고 있다. 재채기나 구토 같은 반사 작용도 여기에서 제어된다. 일부 학자는 뇌간을 **도마뱀 뇌**lizard brain라고 부르기도 하지만 이것은 부적절한 명칭이다(172쪽 참조).

뇌를 둘로 갈라서 안쪽 구조를 보면 액체로 가득 찬 빈 공간이 연결되어 있는 것을 발견하게 된다. 이 공간은 **뇌실**ventricle이라고 불리며 충격을 완충하는 역할을 한다(39쪽 참조). 또한 안구 운동에 관여하는 **중뇌**midbrain가 뇌간 위에 있는 것을 보게 된다. 중뇌 위쪽과 앞쪽에는 뇌의 다양한 부위에서 연결과 접속이 오고 갈 때 중계국 역할을 하는 **시상**thalamus이 있다. 시상의 아래에는 호르몬 분비와 식욕이나 성욕 같은 기본 욕구를 조절하는 **시상하부**hypothalamus와 **뇌하수체**pituitary gland가 있다.

시상과 연결되어 뇌 깊숙이 위치한 조직으로 뿔 같이 생긴 **대뇌핵**basal ganglia이 있다. 기저핵으로도 불리는 대뇌핵은 학습, 감성, 운동 조절에 관여한다. 바로 옆에 뇌의 양쪽에는 **해마**hippocampus가 하나씩 있다. 바다 동물 해마와 유사하다는 이유로 해부학자들이 해마라 이름 지었다. 역시 근처에 아몬드 모양의 **편도체**amygdala가 뇌 양쪽에 하나씩 존재한다. 해마는 기억에 필수적인 역할을 하며(70쪽 참조), 편도체는 감정이 결부된 학습과 기억 형성에 중요하다. 해마, 편도체, 연결된 피질의 부위는 통틀어서 **변연계**limbic system라고 불리며 감성의 기능적 연결망을 구성한다(218쪽 〈그림 3〉 참조).

뇌의 어마어마한 복잡성은 맨눈으로는 볼 수 없다. 스펀지 같은 느낌을 주는 덩어리 안에는 850억 개의 **뉴런**neuron이 있고, 이들은 100조 개라는 상상하기 힘든 숫자의 접속을 이룬다(218쪽 〈그림 4〉 참조). 거기에 추가로 비슷한 숫자의 **교세포**glial cell가 뇌 안에 있다(219쪽 〈그림 5〉 참조). 단순히 구조적 역할만 한다는 기존의 생각과 달리 최근 연구 결과는 교세포가 정보 처리에도 관여함을 시사한다(190쪽 참조). 그러나 우리는 뇌의 구조에 대해 무조건 감탄과 숭배로 일관해서는 안 된다. 뇌의 구조는 어떤 기준으로 보더라도 완벽하게 설계되었다고 볼 수 없다(171쪽 참조).

피질 내에 뉴런은 층층이 배열되어 있으며, 각 층에는 다른 유형의 뉴런이 다른 밀도로 분포되어 있다. 뇌를 흔히 **회백질**gray matter이라고 부르는 것은 뉴런의 세포체로 구성된 조직의 해부학적 이름에서 유래된 것이다. 대뇌 피질은 대부분 회백질로 구성된다. 그러나 회백질의 실제 색은, 적어도 신선할 때는 회색보다 분홍색에 가깝다. 회백질은 피질 아래쪽에 지방질로 덮인 신경 축삭axon으로 구성된 **백질**white matter과 대비된다. 축삭은 뉴런의 덩굴처럼 뻗어 나오는 부위이며 다른 뉴런과 의사소통하는 과정에 필요하다(219쪽 〈그림 6〉 참조). 즉, 지방질로 덮인 신경 축삭 때문에 백질의 겉이 흰색을 띤다.

뉴런은 다른 뉴런과 **시냅스**synapse라는 작은 골을 건너 신호를 주고받는다. 바로 이 신경 축삭의 말단에서 **신경 전달 물질**neurotransmitter이라고 불리는 화학 물질이 분비되어 나뭇가지처럼 생긴 **수상 돌기**dendrite를 통해 신호를 수신하는 뉴런으로 흡수된다(〈그림 6〉 참조). 뉴런은 이런 방법을 통해 다른 뉴런으로부터 충분한 자극을 받았을 때 신경 전달 물질을 분비한다. 충분한 자극은 **활동 전위**action potential라는, 축삭을 따라 이동하는 전기 작용을 일으켜 궁극적으로는 신경 전달 물질의 분비를 유도하는 것이다. 신경 전달 물질은 이후 수신자 뉴런을 자극하거나 억제한다. 그뿐만 아니라 반응은 느리나 오래가는 변화를 가져올 수도 있다. 예를 들면 수신자 뉴런에서 유전자 기능의 변화를 유발할 수 있는 것이다.

역사적으로 다양한 신경 부위의 기능에 대한 이해는 **뇌 손상 환자**brain-damaged patient에 대한 연구에서 추론되었다. 19세기에 많이 이루어진 이러한 연구를 통해, 대부분의 경우 언어 기능은 왼쪽 뇌가 지배적인 역할을 한다는 것이 알려졌다(63쪽 참조). 철도공 피니스 게이지와 같은 환자는 결과적으로 이 분야에 상당한 영향을 미쳤다(59쪽 참조). 뇌 손상과 기능 마비의 연결은 오늘날까지도 뇌 연구의 중요한 부분이다. 현대 연구가 과거 연구와 다른 한 가지 큰 차이점은 현대 의학의 스캔 기법이 뇌의 손상 부분을 정확히 잡아낸다는 것이다. 이런 기법이 나오기 전에는 과학자들은 부검을 하려면 환자가 죽기를 기다려야 했다.

현대 뇌 영상 기법은 뇌 구조 분석뿐만 아니라 뇌가 작동하는 것을 보여준다. 바로 뇌 기능에 대한 이해가 현대 뇌 과학에서 가장 흥미로우면서도 논란이 많은 부분일 것이다(235쪽 참조). 현재 환자와 정상인을 포함한 연구에서 가장 널리 쓰이는 방법은 **기능적 자기 공명 영상**functional magnetic resonance imaging: fMRI이다(220쪽 〈그림 8〉 참조). 작동 원리는 가장 활발한 뇌 부위에 흐르는 혈액이 가장 산소 함유량이 높다는 것에 기반을 둔다. 기능적 자기 공명 영상은 뇌 전체에 혈액 내 산소량을 비교해 어느 부위가 활발하게 활동하는지 영상화한다. 그뿐만 아니라 시험 대상자가 뇌 스캔 중 특정 작업을 이행하는 것을 세밀하게 영상화해 뇌 각 부위의 기능을 규정할 수도 있다. 이 밖에도 **양전자 방사 단층 촬영**positron emission tomography: PET과 **단일 광자 단층 촬영**single-photon computed tomography 같이 방사성 동위 원소를 환자나 자원자에게 주사하는 방법이 있으며, 또 다른 방법인 **확산 텐서 영상**diffusion tensor imaging: DTI은 뇌 조직 내 물의 확산을 바탕으로 뇌 내 신경 간 연결을 분석한다. 확산 텐서 영상은 형형색색의 복잡하고 아름다운 배선도를 만들어낸다(223쪽 〈그림 12〉 참조). 2009년에 시작된 **인간 연결체 사업**Human Connectome Project은 인간의 뇌에 존재하는 600조 개에 달하는 세포 간 접속이 이루는 연결망의 지도를 완성하고자 한다.

1920년에 사람에게 처음으로 사용된, 좀 오래된 기법으로 **뇌전도**electroencephalography: EEG가 있다. 이 방법은 두피에 부착된 전극을 통해 전자파를 관찰하는 방법이다(227쪽 〈그림 18〉 참조). 이는 아직도 병원과 연구실에서 널리 쓰이는 기법이다. 공간적 해상도는 좀 더 현대적 기법인 기능적 자기 공명 영상에 비해 떨어지나, 뇌 활동의 변화가 1000분의 1초 단위로 보인다는 장점이 있다. 이에 비해 기능적 자기 공명 영상은 초 단위로 변화가 감지된다. **뇌 자기도 기록법**magnetoencephalography이라는 새로운 기법은 뇌전도의 시간적 정밀성을 가졌으나 공간적 해상도는 떨어지는 편이다.

인간의 뇌를 연구하는 데 뇌 영상 기법만 사용하는 것은 아니다. 최근 들어 각광받는 방법 중에는 **경두개 자기 자극**transcranial magnetic stimulation: TMS 기법이 있다. 이는 자기장 코일을 특정 머리 부위에 놓고 바로 안쪽의 뇌 부위의 신경 기능을 마비시키는 효과를 이용한다. 이러한 방법으로 '가상 마비virtual lesions'를 뇌에 일으킬 수 있다. 따라서 과학자들은 일시적으로 뇌의 특정 부위의 기능 마비를 유도하고, 주어진 정신 활동 혹은 기능에 어떤 영향을 주는가를 관찰할 수 있다. 기능적 자기 공명 영상은 어느 뇌 부위의 활성이 특정 정신 기능과 연관되는지 보여주지만, 경두개 자기 자극은 특정 부위의 활동이 특정 정신 기능에 필요한지를 보여주는 장점이 있다.

지금까지 거론된 기법은 인간과 동물에 공히 쓰일 수 있다. 이외에도 동물만(혹은 대부분 경우가 동물을) 대상으로 하는 유형의 연구가 많다. 이러한 유형의 연구는 인간을 대상으로 하기에는 지나치게 침습侵襲적인 경우가 있다. 예를 들면 인간을 제외한 영장류를 대상으로 이루어지는 많은 연구에는 전극을 뇌에 삽입해 특정 뉴런의 활동을 측정하는 **단일 세포 기록**single-cell recording이라는 기법이 쓰인다. 사람에게는 심한 뇌전증을 치료하기 위한 수술 같은 상황 외에는 거의 쓰지 않는 방법이다. 동물을 대상으로 한 전극이나 관의 뇌 내 삽입은 신경 화학 물질을 특정 뇌 부위에서 관찰하거나 조작하는 데 쓰이기도 한다. 동물을 대상으로 한 또 다른 획기적인 기술은 **광유전학**optogenetics이다. 2010년에 ≪네이처 메서즈Nature Methods≫가 '올해의 기법'으로 지정한 광유전학은 뉴런에 빛에 반응하는 유전자를 삽입하는 방법이다. 이후 개별 뉴런은 다른 색깔의 빛을 이용해 켤 수도 끌 수도 있다.

뇌 연구를 위한 새로운 기법은 늘 개발되고 있으며, 미국의 **브레인 이니셔티브**와 유럽의 **인간 뇌 연구 과제** 덕분에 기술 혁신은 앞으로 가속화될 것이다. 이 책의 저술이 끝나갈 즈음에 백악관 측에서 브레인 이니셔티브 투자비를 "2014 회계연도에 배정된 1억 달러에서 2015 회계연도에는 약 2억 달러"로 두 배 늘리는 계획을 발표했다.

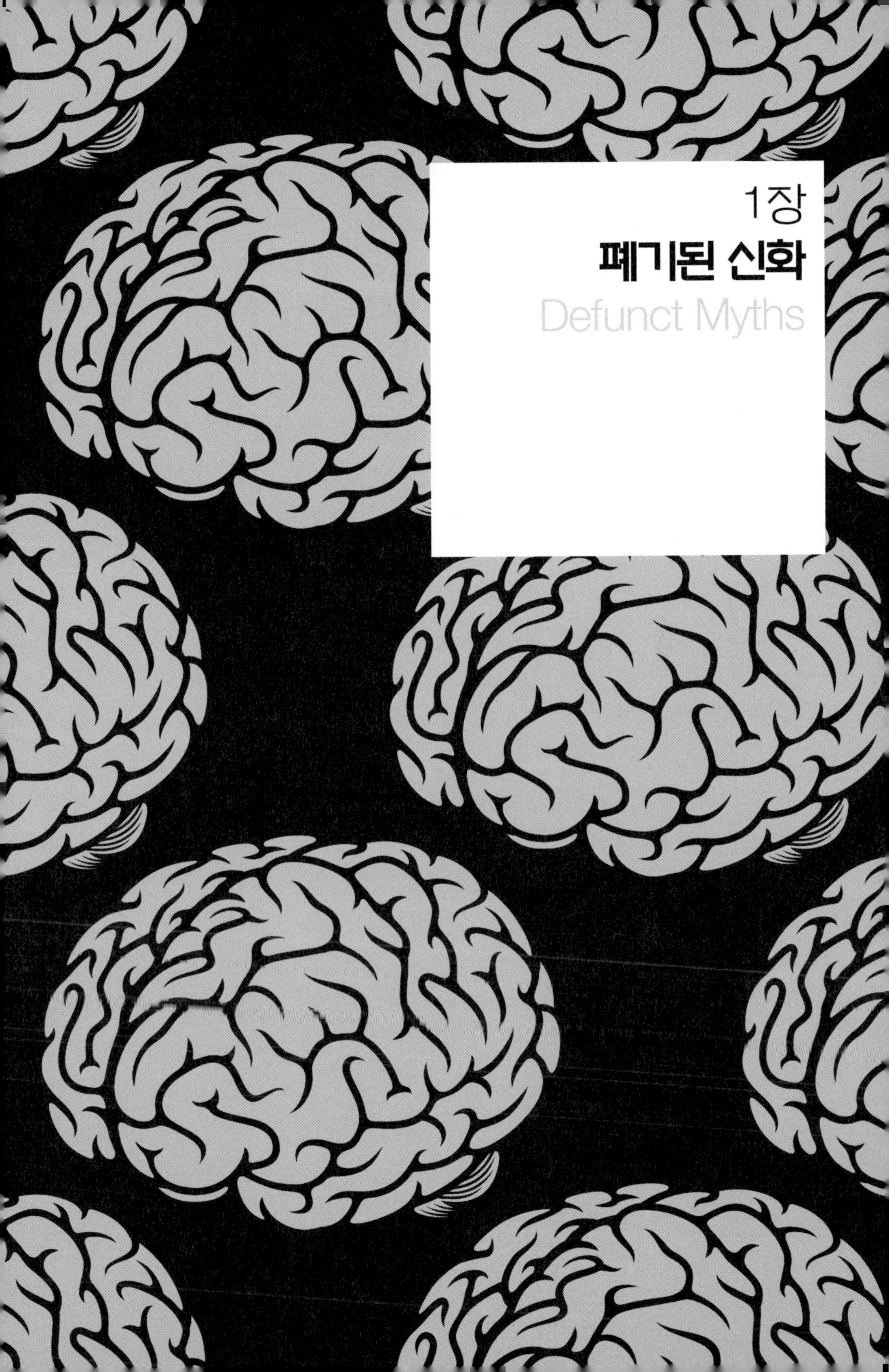

1장
폐기된 신화
Defunct Myths

많은 사람이 한때는 지구가 평평하다고 믿었다. 유명한 과학자도 모든 가연성 물질에는 연소할 때 빠져나가는 플로지스톤이라는 물질이 들어 있다고 믿었다. 화성에는 복잡하게 얽혀 있는 운하가 존재한다는 설도 있었다. 한때 영향력 있던 아이디어들은 이제 쓸모없는 신화로 치부된다. 신경 과학에도 폐기된 개념이 있는데, 1장은 더 이상 아무도 믿지 않는, 혹은 극소수만 신봉하는 뇌에 관한 신화를 다룬다. 우리는 정신과 생각이 뇌가 아니라 심장에 존재한다는 고대의 아이디어부터 시작할 것이다. 뇌의 중요성이 받아들여지면서 다른 신화가 나오기 시작했다. 예컨대 뉴런은 동물혼으로 가득 차 있고, 중요한 정신 기능은 뇌 척수액으로 차 있는 공간인 뇌실에 위치한다는 것이다.

생각은
심장에서 나온다

오늘날 생각과 사고력이 뇌에서 일어나는 작용이라는 것을 당연하게 받아들이는 이유는 이 사실과 늘 함께 살아왔기 때문이다. 그러나 주관적 관점에서 보면 눈의 위치를 제외하고는 우리의 정신세계가 머릿속에 있다고 말해주는 것은 없다. 따라서 정신 기능의 원천이 뇌가 아니고 심장이라고 믿은 이집트와 그리스를 포함한 고대 문명의 생각은 놀랄 일이 아니다.

고대 문명이 뇌의 중요성을 몰랐다는 것은 아니다. 에드윈 스미스Edwin Smith의 이른바 외과 의술 파피루스(1862년 미국인 고고학자 에드윈 스미스가 룩소르 지방에서 구매한 것으로, 피라미드 건립 시기에 제작된 것으로 추정됨)를 보면 고대 이집트인이 마비를 포함한 뇌 손상의 영향을 알고 있었다고 판단된다. 그러나 이런 지식이 있었음에도 불구하고 심장 중심주의는 지속되었고, 뇌는 골수 정도로 간주되었다(러시아어, 마오리어, 인도네시아어, 페르시아어, 스와힐리어에서 '뇌'에 해당하는 단어는 말 그대로 '골수'를 뜻한다). 고대 이집트인의 장례를 보면 많은 것을 알 수 있다. 심장과 다른 장기는 사체에 놔두거나 유골 단지에 보존해 존중하는 모습을 보이는 반면, 뇌는 콧구멍이나 두개골 밑에 뚫은 구멍을 통해 퍼낸 뒤 그냥 버렸다.

기원전 8세기 고대 그리스 시인 호메로스의 시를 살펴보면, 고대 그리스인은 세 유형의 영혼이 존재한다고 생각했다. 바로 프시케psyche(신체에 활기를 불어넣는 영혼), 티모스thymos(감정에 격정의 영혼), 누스noos(논리와 지성의 영혼)이다. 누스와 티모스는 반드시 심장은 아니지만 가슴 속에 있다고 생각했다. 아크라가스 출신의 엠페도클레스는 심장이 생각의 중추라고 주장했던 초기 학자다. 그는 심장에서부터 도는 피가 생각을 만들어낸다고 믿었다.

가장 잘 알려진 심장 중심주의자는 아리스토텔레스일 것이다. 다른 많은 사람처럼 아리스토텔레스도 심장이 멈추면 생명이 끝난다는 사실에 주목했다. 또한 뇌는 차갑고 느낌 없고 지엽적인 반면에 심장은 따뜻하고 중심에 위치한다는 것과, 심장은 배아에서 뇌보다 먼저 생성되고 모든 감각 기관과 연결되어 있지만 뇌는 그렇지 않다는 것을 중시했다(물론 이는 아리스토텔레스의 잘못된 인식에서 나온 결론이다). 아리스토텔레스는 또 무척추동물은 뇌가 없어서 뇌가 운동과 감각의 제어 기관이 될 수 없다고 추론했다.[1]

뇌가 생각의 근원이라고 생각하지는 않았지만 아리스토텔레스는 뇌를 중요한 기관으로 간주했다. 뇌는 피가 돌지 않는 심장의 방열기이며, 수면과 관계가 있다고 믿었던 것이다. 또 다른 주목할 만한 심장 중심주의자는 기원전 4세기경에 심장 해부학에 획기적인 발전을 가져온 카리스토스 출신 의사인 디오클레스Diokles이다. 불행하게도 디오클레스는 자신의 발견에 대한 해석을 심장이 인식의 중심이라는 믿음에 기반을 두고 해석했으며, 귀 모양의 심방을 감각 기관이라고 생각했다. 정신 착란증은 심장에서 피가 끓어서 일어나는 것이라고 생각했고(오늘날에도 '지금 네가 내 피를 끓게 해'와 같은 표현이 남아 있다), 우울증은 검은 담즙이 심장에서 진해지면서 생기는 것이라고 믿었던 것이다.[2]

아리스토텔레스보다 수십 년 전에 크로톤 출신의 철학자이자 의사였던 알크마이온Alkmaion(기원전 450년경 출생), 의학의 아버지인 히포크라테스(기원전 460년 경 출생)와 제자들은 심장 중심주의에 반론을 제기했다. 알크마이온은 동물 해부를 가장 먼저 실행한 과학자 중 한명이다. 그가 남긴 글은 사라졌지만, 다른 사람이 인용한 부분을 보면 "감각의 중심은 뇌이다. …… 그리고 생각의 중심이기도 하다"라고 썼다고 전해진다. 2007년에 발표한 논문에서, 로체스터 대학교의 신경 생물학자 로버트 도티Robert Doty는 알크마이온의 발견은 매우 심오한 것으로, 코페르니쿠스나 다윈의 발견만큼 역사적 중요성을 가진다고 주장했다.[3]

히포크라테스 역시 기원전 425년경에 발표한 「성스러운 병에 관해서On the Sacred Disease」라는 논문에서 "사람은 뇌에서, 그리고 뇌에서만 즐거움, 기쁨,

웃음, 농담, 슬픔, 고통, 고뇌와 눈물이 발생한다는 것을 알아야 한다"라고 주장했다. 그뿐만 아니라 생각과 인식 역시 뇌에서 나온다고 결론지었다. 또 다른 선견지명이 돋보이는 히포크라테스의 글 『머리의 부상에 관하여On Injuries of the Head』에서는 뇌의 한쪽에 일어나는 손상이 반대쪽 몸에 문제를 가져온다고 올바르게 지적되어 있다.

히포크라테스 이후 중요한 돌파구를 만들어낸 사람들은 알렉산드리아 지역의 해부학자들이었다. 이들은 처음으로 체계적인 인체 해부를 시도했다. 기원전 300년경에 활동했던 칼케돈 출신의 인간 해부학 창시자인 헤로필로스Herophilos는 뇌신경과 뇌실(뇌 척수액이 차 있는 공간)을 분석했고, 케오스 출신의 에라시스트라토스Erasistratos는 인간의 소뇌(뇌 뒤쪽에 달린 꽃양배추 모양의 작은 뇌 조직)를 동물의 소뇌와 비교 및 분석해 소뇌가 운동과 관련 있다는 것을 올바르게 추론해 냈다. 헤로필로스와 에라시스트라토스 둘 다 감각과 운동에 관련된 신경이 뇌와 척수에 분리되어 있다고 정확하게 주장했다.[4]

그러나 앞에서도 언급했듯이 뇌 중심주의에 기반을 둔 주장이 나온 이후에도 오랫동안 심장 중심주의는 사라지지 않았다. 기원전 3세기에 이르러서도 스토아학파 철학자들은 지능과 영혼이 심장에 있다고 믿었다. 특히 영향력이 강했던 심장 중심주의 옹호자는 솔리 출신의 스토아학파 학자인 크리시포스Chrysippos(기원전 277~204)였다. 그는 마음이 심장에 존재한다는 증거로, 심장이 목소리의 원천이고 목소리는 생각으로 조절된다는 것을 들었다. 심장 중심주의를 뒤집기가 힘들었던 이유 중 하나는 바로 많은 옹호자가 그럴듯한 논리를 가지고 있었기 때문이었다. 그들은 오랫동안 수없이 많은 철학자와 시인이 신봉해 왔기 때문에 심장 중심주의가 옳다고 믿었다. 어떤 주장이 옳다는 근거로서 권위 있는 사람에게 지지받는다는 점을 내세우는 것은 매우 천박한 논리이지만, 오늘날까지도 엉터리 과학을 옹호하는 사람 사이에 널리 쓰인다.

기원후 2세기에 페르가몬에서 검투사들의 치료사로 유명세를 타 '의사의 왕'이란 별명으로 불리던 갈레노스Galenos는 크리시포스를 포함한 다른 심장주의자들이 펼쳤던 주장을 잠재우기 위해 돼지의 후두 신경을 절단하는 극적인 공개 실험을 했다.[5] 뇌에서 후두로 가는 신경을 절단하면 돼지는 몸부림치면서도 소리를 내지 못한다. 심장 중심주의 논리에 따르면 뇌에서 나오는 신경을 절단해도 돼지는 소리를 낼 수 있어야 한다. 그렇지 않다면 심장 중심주의는 틀렸고, 생각과 말은 뇌에 의해 조절됨을 의미한다고 갈레노스는 주장했다. 찰스 그로스Charles Gross는 갈레노스의 입증을 뇌가 행동을 제어한다는 것을 증명한 첫 번째 실험이라고 했으며, 이 실험은 심장 중심주의의 논리를 약화시켰다.

놀랍지는 않지만, 많은 사람이 이 실험 결과에도 승복하지 않았다. 갈레노스에게 야유를 퍼부은 사람 중에는 갈레노스의 증명이 동물에게만 적용된다고 주장했던 철학자 알렉산드로스 다마스케노스Alexandros Damaskenos도 포함된다. 심장에 정신 기능이 있다는 믿음은 르네상스 시대까지 계속되었다. 피의 순환에 관한 설명으로 유명한 영국 의사 윌리엄 하비William Harvey의 글에서도 이런 상황이 보인다. 그의 책『생체 내 심장과 피의 움직임에 대하여De motu cordis et sanguinis in animalibus』를 보면, 심장은 몸 전체를 다스리는 최상위 기관으로 묘사된다. 이런 신화는 오늘날까지 잔존하는 부분이 있다. '가슴속 깊이 새긴다'와 같은 표현이나 심장이 사랑을 느끼는 장기라는 심리적 역할에 관한 암시는 아직도 널리 퍼져 있다.

한 가지 덧붙여야 할 것은, 인지 기능은 물론 뇌에 기반을 두지만 심장이 우리의 생각과 감정에 영향력을 가진다는 증거가 나오고 있다는 것이다(208쪽과 212쪽 참조). 따라서 옛날 사람이 믿었던 심장 중심주의를 너무 박대하면 안 될 것 같기도 하다.

뇌는 동물혼을
온몸으로 퍼뜨린다

갈레노스를 포함한 알렉산드리아의 해부학자들이 이루어낸 발견은 놀라울 정도로 현대 과학과 잘 맞는다. 그러나 그들의 이른바 '통찰'은 조금 오해의 소지가 있다. 당시에는 정신적 기능을 뒷받침하는 생물학적 뇌 현상에 대해 알려진 것이 거의 없었고, 이런 상황이 그 이후 수세기 동안 이어진 것이다.

예를 들면 갈레노스의 해부학 업적은 획기적이었으나, 그는 당시와 그 이후 세대의 많은 사람처럼 두 종류의 영혼이 몸에 존재한다고 믿었다. 그는 우리가 마시는 공기가 생명혼vital spirits으로 변하고, 생명혼이 뇌에 다다르면 동물혼animal spirits으로 바뀐다고 믿었다. 이 변환은 뇌의 빈 공간인 뇌실과, 그가 처음으로 몇몇 동물의 뇌 아래쪽에서 발견한 복잡한 혈관 망에서 일어난다고 주장했다. '경이로운 망rete mirabile'이라는 이 혈관 망은 인간의 몸에는 없지만, 갈레노스는 동물만을 해부했기 때문에 이를 몰랐다. 갈레노스는 뇌의 펌프 작용에 의해 빈 신경관을 타고 온몸으로 퍼지는 동물혼이 운동과 감각을 제어한다고 추정하기도 했다.

동물혼이 맥박과 같이 온몸으로 퍼져나간다는 생각은 오늘날에는 터무니없이 들리지만, 이 역시 심장 중심주의와 같이 놀라운 지속력을 보여주었으며 17세기에서야 폐기되었다. 이렇게 오래 지속된 이유는 모호함 때문이었다. 무게도 없고 형태도 없기 때문에 볼 수도 느낄 수도 없다는 것만 알려졌을 뿐, 그 누구도 동물혼이 정확히 무엇인지 밝히지 못했던 것이다. 이는 당시의 기술로는 동물혼 가설이 틀렸다는 것을 증명할 수 없었다는 것을 의미한다. 오늘날 과학자들은 가치가 있는 가설은 논리적으로 오류를 검증할 수 있어야만 한다고 생각한다. 이는 주어진 가설이 틀렸다는 증거의 유형을 상상할 수 있어야 한다는 것이다. 실제로 그런 증거가 없다고 해도 말이다.

　　동물혼 가설이 오래 버틸 수 있었던 다른 이유는 수세기에 걸쳐 여러 세대의 과학자와 의사가 갈레노스의 저작에 대해 가졌던 경외심이었다. 위대한 갈레노스에게 도전하는 것은 신성 모독과 같은 것이었다. 그는 너무 많은 업적을 이루었으며, 그의 유일신에 대한 믿음은 기독교와 이슬람 세계에서 공히 인정받는 바였다. 특히 그는 신의 창조적 천재성과 능력을 신봉했다.[1] 또한 중세 시대에 걸쳐 오랫동안 교회가 인체 해부를 금지했던 것도 신경 해부학의 발전을 막았다.

　　시대를 건너뛰어 17세기에 살았던 '현대 철학의 아버지' 르네 데카르트도 동물혼 가설을 신봉했다. 그는 동물혼을 '매우 섬세한 바람' 혹은 '순수하고도 활기 있는 불꽃'이라고 불렀다. 이렇게 정의하기 힘든 동물혼 개념은 데카르트가 주창한 인간의 영혼 그리고 영혼과 신체의 상호 관계에 관한 개념이 커다란 영향력을 가지는 데 핵심 역할을 했다. 데카르트는 뇌 아래쪽의 작은 조직인 송과체pineal gland에 영혼이 있다고 주장했다. 송과체가 혼을 정화하고 혼의 움직임을 정확히 파악할 수 있는 곳에 자리 잡았다고 여겼기 때문이다. 오늘날 우리는 송과체가 뇌실 위에 있는, 일주기와 계절의 변화에 맞추어 생체 리듬을 조절하는 내분비 기관임을 알고 있다. 데카르트는 송과체가 뇌실 안에서 전후좌우로 기울고 움직이면서 혼의 흐름을 조절한다고 믿었다. 데카르트는 우리가 잘 때는 영혼이 신경에 차 있지 않아 뇌가 느슨해지고, 우리가 정신을 차리고 있을 때에는 혼이 가득 찬 뇌가 긴장감을 가지고 반응한다고 추론했다.

　　데카르트의 지속적인 주장에도 불구하고 동시대 과학자 일부가 마침내 반론을 제기하기 시작했다. 그들이 답하고자 했던 질문, 그리고 동물혼에 대한 답으로서 제시되었던 질문은 바로 '뇌는 몸의 다른 부위와 어떻게 상호 작용하는가?'였다. 즉, '대체 어떻게 신호가 신경을 따라 전달되는가?'다. 새로 제시된 증거는 혼의 역할을 주장하는 사람들에게 불리했다. 한 과학자는 모종의 혼이 팔 근육으로 흘러가면 욕조 안에서 팔 근육을 수축했을 때 수위가 올라가야 하지 않느냐고 질문하기도 했다. 17세기에 이르러 대안으로 제시된 아이디어 중에는 신경이 모종의 액체로 차 있다는 것과, 신경 내부의 에테르*의 진동에 관한 것이 있었다. 영국의 의사이자 신경 해부학자인 토머스 윌리스Thomas Willis가 주장한 신경 액체설은 신경 다발을 잘라도 액체가 나오지 않는다는 기초적인 관찰로 인해 퇴출되었다. 아이작 뉴턴이 내놓았던 진동설 역시 오래가지 못했다. 뉴턴의 주장에 따르면 뉴런이 신호를 보낼 때 신경 다발이 팽팽히 당겨져야 하는데 실제로는 그렇지 않았기 때문이다.[2]

동물혼에 관한 믿음을 마침내 타파한 것은 전기에 관한 관찰이다. 과학자들은 갈레노스의 시대에 이미 전기를 방출하는 물고기에 대해 알고 있었다(당시에는 두통 치료에 쓰였다!). 그러나 ‘전기 치료’는 마비 증상에 효험이 있다는 주장과 함께 18세기에 이르러서야 널리 쓰이기 시작했다. 이러한 상황에서 마침내 과학자들은 전기가 뉴런이 다른 뉴런이나 근육과 신호를 주고받는 방법이 아닌가 생각하게 되었다. 그중에서도 선도적 역할을 한 사람은 개구리로 중요한 실험을 한 이탈리아의 해부학자 루이지 갈바니Luigi Galvani였다.[3]

중요한 발견의 순간은 조수가 수술용 메스를 개구리에 대고 있던 때에 우연히 찾아왔다. 조수는 마찰을 통해 정전기를 만드는 기계 옆에 서 있었다. 기계가 스파크를 일으키는 순간, 조수의 메스는 개구리의 다리를 조절하는 신경 다발을 건드리고 있었다. 다리는 예상치 않게 경련했고, 이 관찰은 갈바니가 스파크가 신경 다발 내 존재하는 전류에 영향을 미친 것이라는 결론을 내리는 데 핵심적 역할을 했다.

갈바니의 조카인 지오바니 알디니Giovanni Aldini는 한걸음 더 나갔다. 그는 단두대에서 잘린 머리에 전류를 흘려 얼굴이 씰룩거리는 것을 보여주었다. 가장 극적인 시범은 1803년 런던에서 이루어졌는데, 자기 부인과 아이를 살해해 교수형을 당한 조시 포스터George Forster의 사체를 이용했다고 한다.

갈바니는 이후 신경 다발에 지방질이 들어 있다는 것을 입증했다. 이는 지방질이 절연체 역할을 함으로써 전기가 신경 다발을 통해 빠르게 전달된다

•   [옮긴이] 빛, 전자기파 등의 전달을 매개하는 가상의 물질이다.

는 그의 믿음을 뒷받침하는 것이었다. 1850년에는 독일의 의사 겸 물리학자 헤르만 폰헬름홀츠Hermann von Helmholtz가 인간의 신경 신호 전달 속도가 1초당 35미터라는 것을 입증했다. 심각한 신경병인 다발성 경화증은 19세기 프랑스 신경 과학자들이 처음 보고했는데, 이것은 신경 세포를 감싸고 있는 지방질 절연체가 퇴화해 신경 신호가 뒤죽박죽되는 병이다.

뇌세포는 커다란 신경망으로 접합되어 있다

신경 생물학을 공부한 사람이면 뉴런 사이의 통신을 매개하는 것이 전기만이 아니라는 것을 당연히 알고 있다. 전류가 신경(1891년에 빌헬름 발다이어Wilhelm Waldeyer가 뉴런이라 이름 붙임)을 통해 흐르는 것은 사실이지만, 결국 전류는 신경 끝에 비축된 신경 전달 물질이라는 화학 물질의 분비를 유발한다. 신경 전달 물질은 시냅스라는 좁은 간극을 건너 신호를 수신하는 뉴런에 다다른다. 시냅스는 뉴런 사이의 간극이 완벽히 입증되지 않은 1897년에 찰스 셰링턴 Charles Sherrington이 만든 용어이다. 신경 전달 물질이 신호를 받는 뉴런에 전달되면 뉴런을 따라 전류가 흐르는 현상이 활성화되거나 억제된다.

그러나 뉴런의 신호 전달 방식에 관해 위에서 설명된 수준의 이해는 19세기 말과 20세기에 이르러서야 이루어졌다. 즉, 이러한 지식의 단계에 이르기 위해서는 뉴런의 구조를 자세히 볼 수 있게 한 현미경과 염색 기술의 발전이 필요했던 것이다. 해당 분야의 핵심 인물은 '파비아의 현자'로 알려진 카밀로 골지Camillo Golgi였다. 그는 1873년에 은을 이용한 염색 기법을 개발했다. 그러나 이 기법도 오늘날의 기준으로 보았을 때 상당히 조잡했다. 골지를 포함한 당대의 과학자들은 뉴런 사이의 간극을 보지 못했으며, 그 때문에 모든 뉴런이 접합되어 정교한 신경망을 이룬다고 생각했다. 이것이 바로 후에 잘못된 것으로 밝혀진 '신경 그물설reticular theory'이다.

1880년대에 이르러 조심스럽게, 그러나 올바른 방향으로 뉴런 사이에 간극이 있을 것이라고 처음 제안한 사람은 빌헬름 히스Wilhelm His와 아우구스트 포렐August Forel이었다. 그러나 실제로 골지의 염색 기법을 획기적으로 발전시켜 '신경 그물설'을 퇴치한 사람은 스페인의 신경 과학자 산티아고 라몬 이 카할Santiago Ramón y Cajal이었다. 그의 기법도 신경 간의 간극(즉, 시냅스)을 보여줄 정도로 발전한 것은 아니었지만, 뉴런이 접합되어 있다는 증거도 발견할 수 없었다. 자신의 관찰을 바탕으로 카할은 뉴런이 다른 세포로부터 분리된 독립 개체임을 설득력 있게 주장했다. 이러한 주장이 바로 '뉴런 독트린neuron doctrine'이다. 카할은 신경 신호는 뉴런을 따라 한 방향으로만 전달된다고 주장했다.

카할과 골지는 뇌 구조를 이해하는 데 기여한 공로를 인정받아 1906년 노벨 생리 의학상을 공동으로 수상했다. 여기에서 우리는 오래된 오류가 끈질기게 버티는 것을 보게 된다. 골지는 수상 소감 발표 자리를 빌려 이미 쓸모없게 된 자신의 '신경 그물설'을 옹호하고, 카할의 '뉴런 독트린'을 일시적인 유행일 뿐이라며 비신사적으로 폄하했다.

정신 기능은
뇌의 빈 공간에 위치한다

다음 장에는 뇌를 대상으로 이루어졌던 미신적 행위에 관한 이야기가 나온다. 이를 다루기 전에, 앞서 나왔던 동물혼과 밀접하게 관련된 또 다른 폐기된 신화를 알아보자. 오늘날 우리는 뇌실이 뇌 척수액으로 차 있고, 완충 역할을 한다는 것을 알고 있다. 그러나 수 세기 동안 뇌실은 동물혼으로 차 있고, 각 뇌실은 다른 정신적 기능을 가지고 있다고 믿었다.

뇌실 가설은 동서양을 망라한 오래된 기록에 바탕을 두고 있지만, 중세에 이르러서야 체계적 가설로 정리되었다. 이 가설에 의하면 지각 능력은 전 뇌실에, 인지 능력은 제3뇌실에, 기억 능력은 소뇌 근처에 있는 제4뇌실에 존재한다. 처음으로 가설을 완성한 사람은 4세기 말 에메사(오늘날 시리아의 홈스 지역)의 주교였던 네메시우스Nemesius였다. 그러나 다양한 형태의 뇌실 가설은 세계 각지에서 오랫동안 꾸준히 제시되었고, 각 가설은 기능의 정확한 위치에 대해 조금씩 차이를 보인다.

역사학자 크리스토퍼 그린Christopher Green의 2003년 논문 「뇌실 내 지적 기능의 위치는 어디서 유래되었나?Where Did the Ventricular Location of Mental Faculties Come From?」에 의하면, 네메시우스는 당대에 거의 알려지지 않았으며 그의 가설이 후세 학자에게 미친 영향은 미미했을 것으로 추정된다.[1] 그린에 의하면 성 아우구스티누스St. Augustinus가 최소한 서구에서는 뇌실 가설이 퍼지는 데 더 큰 영향력이 있었다고 한다. 401년 집필된 성 아우구스티누스의 저작 『창세기의 정확한 의미The Literal Meaning of Genesis』를 통해 뇌실 가설이 널리 퍼졌는데, 그 내용은 다음과 같다.

얼굴 근처 앞쪽에 있는 뇌실로부터 모든 감각이 온다. 두 번째 목 근처에 있는 뇌실로부터 모든 움직임이 일어난다. 세 번째 뇌실은 둘 사이에 있으며, 의사에 의하면 기억의 원천이다.

수 세기 후 놀라운 해부학적 발견을 이루어낸 레오나르도 다빈치 역시 뇌실 가설의 옹호자였다. 16세기 초에 다빈치는 소의 뇌에 뜨거운 밀랍을 부어 넣어 뇌실 모형을 만듦으로써, 그 당시로는 뇌실의 구조를 가장 정확하게 밝혀냈다. 그는 네메시우스의 가설에 맞추어 뇌실의 기능을 제시했다.

뇌실 가설은 빅토리아 시대까지 살아남았지만, 그 전에 르네상스 시대 해부학자인 벨기에의 안드레아스 베살리우스Andreas Vesalius에게 첫 번째 도전을 받는다. 1543년에 발간된 기념비적인 책『인체의 구조에 관하여De humani corporis fabrica』에서 베살리우스는 인체 해부를 통해 인간과 다른 포유류의 뇌실 구조가 같다는 것을 보여주었으며, 이는 인간의 독특한 정신 기능이 뇌실에 있다는 생각의 기반을 흔들었다. 동시에 그는 해부학적 구조만 가지고는 뇌가 어떻게 정신적 기능을 뒷받침하는지 알 수 없다는 것을 인정했다.

뇌실 가설은 17세기에 이르러 당시 최고의 권위를 가졌던 책『뇌의 해부Anatomy of the Brain』의 저자인 토머스 윌리스가 좀 더 설득력 있게 부정했다. 이 책의 그림은 크리스토퍼 렌Christopher Wren•이 그린 것으로 유명하다. 뇌 손상을 입은 환자와 선천적으로 기형인 환자로부터 얻은 증거, 그리고 본인이 해부로 얻은 지식을 바탕으로 윌리스는 다른 동물보다 인간에게 훨씬 더 발달된 뇌의 울퉁불퉁 부풀어 있는 바깥 조직, 즉 대뇌 피질에 기억력과 의지 같은 기능이 있다고 올바르게 제시했다. 윌리스는 뇌의 텅 빈 공간이라고 지칭했던 뇌실에 기능이 있다는 가능성을 일축했다. 또한 줄무늬가 있고 신장 같이 생긴 대뇌 아래 위치한 선조체striatum가 운동 제어와 관련이 있다는 것을 올바로 파악하고 있었다.

윌리스의 논리와 명성에도 불구하고, 18세기까지도 대뇌 피질은 혈관이

•   [옮긴이] 영국의 건축가 겸 자연 과학자로, 1666년 대화재 이후 런던 재건에 기여했다.

가득 찬 껍질에 불과하다는 도그마가 통용됐다. 19세기에 이르러 프란츠 요제프 갈Franz Joseph Gall에 의해 골상학이 널리 퍼진 후에야 대뇌 피질의 기능적 중요성이 마침내 인정되었다(49쪽 참조).

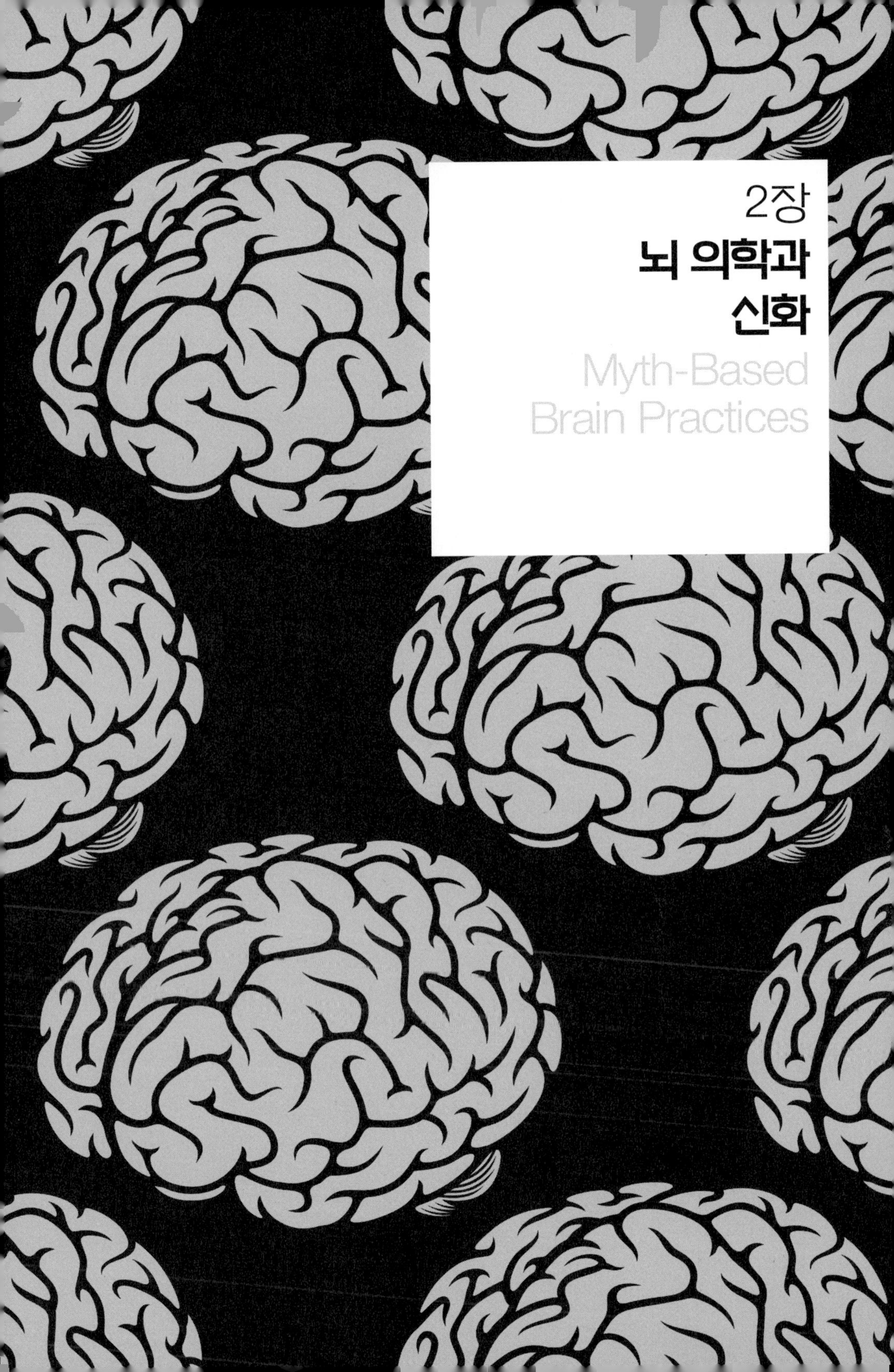
2장
뇌 의학과
신화
Myth-Based
Brain Practices

유사 이래 뇌에 관한 많은 미신과 신화가 뇌 수술과 심리 치료 행위에 영향을 미쳐왔다. 이 장에서는 심리학과 신경 생물학의 전설이 된 세 가지 경우를 예로 든다. 바로 천두술, 골상학, 전두엽 절리술이다. 전설적 위상에 걸맞게 이들은 좀처럼 사라지지 않는다. 천두술은 최근에 영화에도 나왔고, 괴짜 누리꾼들에 의해서도 옹호되고 있다. 골상학 모형은 전 세계 고물상이나 만물상에 여전히 진열되어 있고, 전두엽 절리술은 뇌 심부 자극술이나 줄기세포 이식과 같은 좀 더 정교한 정신 외과 수술로 진화하고 있다.

두개골에 구멍을 뚫어
악령을 쫓는다

천두술trepanation(혹은 개공술, 천공술), 즉 두개골에 구멍을 뚫는 행위는 선사 시대에 시작되었다(221쪽 〈그림 9〉 참조). 이 방법은 오늘날 외과에서도 수술 전 예비조사, 두개 내압 저하, 뇌 표면 혈전 제거를 위해 활용된다. 그러나 역사적으로 이 방법이 마취도 없이 활용된 이유는 뇌와 관련된 신화 때문이었다. 악령 혹은 악마를 쫓는다는 이유도 여기에 포함된다. 그러나 오늘날까지도 외딴곳에서 부족 생활을 하는 사람들과 그릇된 이야기에 현혹된 괴짜들이 비과학적인 이유로 천두술을 한다.

고고학적 증거에 의하면 천두술은 문자가 사용되기 전에 미 대륙부터 아라비아 지역에 이르기까지 전 세계에서 행해진 것으로 보인다.[1] 가장 오래된 구멍 뚫린 두개골은 프랑스에서 발견되었는데, 약 7000년 전 것으로 추정된다. 이라크에서 발견된 구멍 뚫린 두개골은 그보다 더 오래된 시술 대상으로서, 1만 1000년 정도 된 것으로 보인다. 최초의 천두술에는 자연석이 쓰였고, 흑요석, 부싯돌, 금속으로 만든 도구도 쓰였다. 고대 그리스와 중세를 거치면서 점차 정교한 도구가 천공과 톱질을 위해 개발되었다.[2]

천공된 두개골 중 가장 유명한 것은 15세기 페루의 것이다. 이 두개골은 19세기 미국 외교관으로 페루에서 근무하던 에프라임 조지 스콰이어Ephraim George Squier가 인디애나 존스처럼 모험을 해서 구했다. 현재 뉴욕에 있는 미국 자연사 박물관에 소장되어 있으며, 오른쪽 눈 위 전두엽을 덮는 부위에 정사각형의 구멍이 있다.

스콰이어는 유럽으로 이 두개골을 가지고 가 폴 브로카Paul Broca에게 보여주었다. 브로카는 오늘날 뇌와 언어 능력을 연결시킨 것으로 유명한 인류학자 겸 신경 과학자였다(63쪽 참조). 뇌 크기와 지능 그리고 인종적 차이를 연결시키는 편견과, 브로카가 살던 당시 병원에서의 뇌 수술 과정 중 높은 치사율 때문에 브로카와 동료 학자들은 페루 원주민이 뇌 수술을 했다는 것을 쉽게 받아들이지 않았다. 브로카도 이러한 편견이 있었으나, 결국에는 구멍이 폐쇄 머리 부상(두개골이 손상되지 않은 머리 부상) 이후 환자의 사망 이전에 두개 내압 저하를 위해 시도되었을 것에 동의했다. 즉, 페루인이 신경외과 수술을 했을 것으로 추정한 것이다. 브로카의 추정은 결국 옳은 것으로 판명되었다. 여러 개의 구멍이 있는 두개골이 이후 페루에서 다수 발견되었는데, 이는 일부 환자가 여러 차례 수술을 받았다는 것을 의미한다. 아마도 천두술은 비교적 보편적인 시술이었을 것이다. 페루 남쪽의 한 매장터에서 유해가 1만 구 발굴되었고, 그중 6퍼센트에서 천두술을 받았던 흔적이 보였다.[3]

히포크라테스의 글을 보면 고대 그리스인이 폐쇄 머리 부상 치료에 천두술을 썼다는 것을 알 수 있다. 이들의 논리는 구멍이 지나친 체액의 누적을 막는다는 것이었다. 이는 몸과 뇌에 네 종류의 체액인 황담즙, 흑담즙, 점액, 혈액의 균형이 맞아야 건강하다는 4체액설에 의거한 것이다. 4체액의 상대적 양은 그 사람의 특징을 규정한다고도 믿어졌다. 황담즙은 화를 잘 내는 기질과 연결되어 있고, 흑담즙은 우울함, 점액은 침착함, 혈액은 용기와 결부되었다(점액에서 유래된 단어 phlegmatic은 '침착하다'라는 뜻을 가진 형용사로 쓰인다).

그리스 시대 의사들은 머리 부상을 치료하지 않으면 두개골 아래 고인 피가 해로운 고름으로 응고된다고 생각했다. 믿기지 않겠지만 일부 역사학자는 천두술 시술이 일부 환자에게 도움이 되었다고 주장한다. 당시의 천두술에는 인상적인 부분이 있다. 예컨대 갈레노스의 시대에는 뇌를 보호하는 뇌막이 천두술 중에 손상되지 않게 조심했고, 환자의 나이에 따라 두개골 두께에 차이가 있다는 점을 고려했다. 고대 그리스인은 천두술을 뇌전증을 치료하는 데에도 적용했다. 사악한 기운이 구멍을 통해 밖으로 나간다는 논리였다. 이러한 목표의 시술은 논리의 설득력이 매우 약해진 19세기까지 유럽에서 자행되었다.

르네상스 초기에는 천두술이 '광석'을 제거해 정신병을 치료하는 데 쓰였다는 증거가 있다. 이는 로버트 버턴Robert Burton의 『우울증의 해부Anatomy of Melacholy』 같은 문헌이나 플랑드르 화가 히에로니무스 보스Hieronymus Bosch(1450~1515)(221쪽 〈그림 10〉 참조)가 그린 〈광기 치료Cure for Madness〉 같은 그림에 묘사되어 있다. 천두술은 일종의 정신 외과 수술이었으며, 19세기와 20세기에 자행된 전두엽 절제술의 전신이었던 것이다. 2003년에 발간된 『천두술: 역사, 발견, 이론Trepanation: History, Discovery, Theory』에서 신경 과학 역사학자 찰스 그로스는 많은 예술 사학자가 마치 천두술이 실제로는 실행되지 않았던 것으로 생각하고 보스의 그림을 우화로 간주해 왔다고 밝혔다. 그로스는 이것이 명백한 오류라고 말한다. 즉, 예술사학자가 모르는 실질적 의학적 시술 행위가 보스 그리고 이후 브뤼헐Pieter Bruegel의 그림에 묘사되었다는 것이다.[4] 물론 회의적인 사람도 여전히 있다. 예를 들면 2008년 '바이오에페메라Bioephemera' 블로그에서 생물학자 제시카 파머Jessica Palmer는 "만약 이러한 시술이 실제로 이루어졌다면 이는 틀림없이 모의 수술이었을 것이다. 외과 의사는 '광기의 광석' 미신에 맞춰 실제로 작은 돌을 제거하는 척했던 것이다"라고 했다.[5]

그로스에 의하면, 아프리카 전통 의료 시술을 포함해 20세기에도 수백 건의 천두술이 시행되었다고 한다. 케냐의 니안자 남부 지역의 키시족은 20세기 후반까지 머리 부상 이후 생기는 두통을 치료하기 위해 천두술을 썼다. 이 행위가 오늘날까지도 계속되는지는 확인되지 않았다. 천두술은 전 세계적으로 주류 의학의 범주 밖에서 과학 지식이 부족한 지지자들을 끌어들인다. 여기에는 인터넷의 거짓 선전이 한몫하고 있다. 국제 천두술 옹호 단체 The International Trepanation Advocacy Group: ITAG는 이렇게 선전하기도 했다.

두개골에 구멍을 뚫는 것은 혈액의 뇌 내 순환을 용이하게 하고, 갈수록 빨리 변하는 세상에 적응하기 위해 그 어느 때보다 중요한 뇌 기능 향상에 도움을 준다.

최근 들어서는 몇몇 자가 천두술 시술자가 유명해진 경우가 있다. 여기에는 『천두술: 정신병 치료법Trepanation』의 저자인 바트 휴스Bart Hughes도 있고, 『구멍 뚫기Bore Hole』를 쓴 조이 멜런Joey Mellen도 포함된다. 두개골의 구멍을 통해 고차원의 의식을 성취할 수 있다는 자가 천두술 시술자들의 주장은 〈머리의 구멍Hole in the Head〉이라는 다큐멘터리에서 다뤄지기도 했다. 자가 시술자 중 한명인 헤더 페리Heather Perry는 2008년 과학 분야 작가 모 코스탄디Mo Costandi와의 인터뷰에서 전기 천공기로 머리에 구멍을 뚫은 경험을 이야기하면서, 자신의 목표가 "명료한 정신 에너지를 더 많이 얻기 위해서"라고 밝혔다.[6]

천두술은 1998년에 방송된 〈ER〉*의 에피소드에서, 그리고 심리 스릴러 흑백영화 〈파이Pi〉를 통해 많은 조명을 받았다. 이에 더해 큰 히트를 쳤던 2003년 영화 〈마스터 앤드 코맨더: 위대한 정복자Master and Commander: The Far Side of the World〉에서도 천두술이 등장한다. 염려스럽게도 최근 인터넷에서 자가 천두술의 시술 방법을 알려주는 영화를 너무나도 쉽게 찾을 수 있다. 2000년 영국 의학 학술지 ≪브리티시 메디컬 저널British Medical Journal≫은 천두술의 확산에 우려를 표명했고, 시술의 위험성에 대해 경고를 하기도 했다.[7] 이 글을 마치며 분명히 하고자 한다. 천두술로 심리적·심령적 혜택을 받을 수 있다는 증거는 없다!

---

*   [옮긴이] 응급실을 배경으로 한 미국 TV 시리즈이다.

두개골 모양으로
인간성을 파악한다

뇌에 관한 잘못된 인식을 바탕으로 1830년대에 큰 인기를 누린 것이 또 하나 있다. 바로 골상학이다. 독일 의사 프란츠 요제프 갈 그리고 그의 제자 요한 슈푸르츠하임Johann Spurzheim이 개발한 이 설에 의하면, 정신적 적성과 성격적 특성은 두개골에 있는 돌출 부위와 응어리진 부위를 보면 알 수 있다(222쪽 〈그림 11〉 참조). 갈의 체계에 의하면 뇌의 각 부위(갈은 '뇌 내 장기'로 명명함)에 각기 다른 능력 27가지가 자리 잡고 있고, 그중 지혜나 시적 재능과 같은 여덟 가지는 인간에게서만 발견된다고 한다.

갈은 그의 기법을 두개골학craniology 혹은 장기학organology 라고 불렀다. 실제로 골상학이라는 이름을 자리 잡게 한 사람이 바로 슈푸르츠하임이었다. 그는 갈이 분류한 27개 능력을 35개로 확장했고, 골상학 기법을 사회 개혁과 자기 계발에 적용하기 시작했다. 슈푸르츠하임은 골상학이 과학계뿐만 아니라 중산층에서도 큰 인기를 누리게 된 영국에서 순회강연을 했고, 1832년에는 골상학 단체만 29개에 이르렀다. 소설가 조지 엘리엇은 본인 두개골을 좀 더 정확히 분석하기 위해 머리 모양의 주물을 제작해 골상학자 제임스 드빌James de Ville에게 주기도 했다.[1] 앤 브론테와 샬럿 브론테 자매도 골상학의 열렬한 팬이었다. 영국의 대표적인 골상학자인 조지 컴George Combe에게는 왕족 중에도 의뢰인이 있을 정도였다.[2] 골상학은 미국에서도 인기가 있었고, 의료계 내 옹호자 중에 존 워런John Warren, 존 벨John Bell, 찰스 콜드웰Charles Caldwell 같은 의사가 있었다.[3] 유명인 추종자로는 작가 월트 휘트먼과 에드거 앨런 포가 포함되었다.

갈의 체계는 본인의 지인에 대한 관찰을 포함한 다양한 증거에 바탕을 두었다. 예를 들면 학교를 다니던 때 언어 구사 능력이 매우 좋은 친구의 눈

이 튀어나와 있던 것을 보고 전두엽과 언어 능력을 연결시킨 것이었다(크게 보아 틀린 것은 아니었으나, 갈은 언어 능력과 관련된 부위를 너무 앞쪽인 눈 바로 뒤로 보았다).

갈은 수학 천재나 범죄자와 같이 특정 재능이 있거나 극단적인 성격을 가진 사람의 머리 모양을 조사했다. 매우 강한 성욕을 가진 사람이나 동물은 목이 굵다는 관찰을 했고, 목덜미 부위에 있는 소뇌가 바로 성욕의 원천이라고 결론지었다.[4] 갈은 자신의 여러 가설을 입증하기 위해 다양한 동물과 인간의 두개골을 수집했다.

갈의 가장 치명적 실수는 본인의 아이디어를 뒷받침하는 증거만 찾았다는 것이다. 이는 바로 편견을 재확인하는 확증 편향의 예에 불과하다(21쪽 참조). 본인의 체계와 일치하는 경우가 아니면 갈은 뇌 손상을 입은 사람을 대상으로 한 행동학 연구를 무시했다. 그 결과로 골상학 기능 해부도는 대체로 부정확했다(예를 들면 색깔 인식 기능을 시각령이 있는 뇌의 뒷부분이 아니고 앞부분에 배정했다). 인간의 뇌 구조의 특이성과 성격을 두개골의 돌출 부위를 통해 파악할 수 있다는 주장이 틀렸듯이 말이다.

골상학에 반기를 들 사람은 갈과 동시대의 프랑스인인 장 피에르 플루랑스Jean Pierre Flourens였다.[5] 그는 동물 실험을 시행했으나, 갈이 만든 기능 해부도가 옳다는 증거를 전혀 찾을 수 없었다. 실제로 그는 기능이 뇌 내 부위별로 분산되어 있다는 증거를 찾지 못했다. 이는 플루랑스가 사람이나 영장류를 대상으로 실험하지 않고 단순한 동물 실험에 의존했기 때문이기도 하다. 골상학에 대한 관심은 통속 심리학 차원에서 유지되었으나, 1840년경에는 과학으로 명성을 잃기 시작했고 풍자가나 만화가의 놀림을 받기 시작했다.

골상학의 명성이 땅에 떨어진 것은 어떤 면에서 보면 불행한 일이다. 해부 기술이 뛰어났던 갈이 뇌 해부학에 기여한 점이 빛을 잃게 되었기 때문이다. 갈 이전에 토머스 윌리스나 레오나르도 다빈치 같은 사람들의 노력에도 불구하고, 대뇌 피질의 기능적 중요성은 거의 무시되었다. 고대 그리스 시대부터 대뇌 피질은 창자와 같이 꼬인 균일 조직으로 간주되었고, 기능적으로 나뉜 부위가 있다고는 생각되지 않았다. 18세기 스웨덴의 신비주의자 에마누엘 스베덴보리Emanuel Swedenborg가 대뇌 피질의 기능적 구성에 대해 활발하게 집필 활동을 했으나 학문적 연고가 없었기 때문에 완전히 무시되었다. 대뇌 피질이 기능적으로 다른, 그리고 다양한 부위로 구성되어 있다는 갈의 주장은 대체로 옳았을 뿐 아니라 이후 부위별 기능 분석에 관한 과학적 관심을 불러일으켰다. 언어 기능이 왼쪽 전두엽에 위치한다는 것을 밝혀낸 폴 브로카(브로카 영역에 대해서는 63쪽 참조)는 갈의 업적을 두고 "현 세기 대뇌 생리학 분야의 모든 발견의 출발점"이라고 했다.

오늘날 골상학은 뇌의 기능이 그려진 유치한 골상학 흉상이 인기가 있는 덕분에 사람들의 기억에 남아 있다. 많은 골상학용 흉상에 '파울러'라는 상표가 붙어 있는데, 이는 19세기 미국에서 골상학으로 산업을 세운 오슨 파울러Orson Fowler와 로레조 파울러Lorezo Fowler 형제를 기리는 것이다. 또한 현대 뇌 영상 연구를 통해 알게 된 사실인, 특정 기능이 뇌의 특정 부위에 위치한다는 것을 믿지 않는 사람은 이러한 연구를 골상학이라 부르며 비난하기도 한다(112쪽 참조). 특정 기능이 대뇌 피질을 포함한 뇌의 특정 부위에 위치한다는 사실은 의심의 여지가 없다. 그러나 뇌의 많은 부위가 동시에 활성화된다는 것이 알려지면서, 기능 단위보다 기능 네트워크를 이해해야 한다고 생각하는 신경 과학자가 증가하는 것이 현재 추세이다.

전두엽의 연결을 끊어서
정신병을 치료한다

전두엽 절리술frontal lobotomy(전두엽 백질 절제술)은 조직의 일부나 전체를 제거하는 전두엽 절제술frontal lobectomy과 달리 전전두엽과 뇌의 내부 조직을 연결하는 신경 다발 및 조직을 자르거나 파괴하는 것이다. 이 수술은 포르투갈의 신경 과학자 에가스 모니스Egas Moniz가 1936년에 처음 보고했다. 그는 이 과정을 백질 절제술이라 불렀는데, 이것은 흰색을 띠는 신경 다발을 자르는 것을 의미한다. 그의 논리는 조직을 파괴해 환자의 비정상적이고 유해한 정신적 집착을 와해시킨다는 것이었다. 아이디어는 그 전해 런던에서 열린 '제2차 세계 신경학회'에서 얻었다. 모니스는 이 학회에서 공격적인 침팬지 및 원숭이의 전전두엽과 뇌의 다른 부분 사이의 연결을 끊으면 차분해진다는, 예일 대학교 연구자 존 풀턴John Fulton과 칼라일 제이컵슨Carlyle Jacobsen의 실험 결과에 대해 들었다.

동료였던 알메이다 리마Almeida Lima와 함께 모니스는 환자의 뇌에 목표했던 손상을 입히기 위해 처음에는 알코올을 주입했다. 이후 신축성 있는 철사 올가미가 달린 뇌엽 절제용 메스를 사용해 기술을 발전시켰다. 모니스와 리마는 당시 대안이 없던 심각한 정신병 환자에게서 좋은 결과를 얻었다고 보고했고, 이러한 성공은 모니스에게 1949년 노벨 의학상을 안겨주었다. 그러나 모니스에게 성공만 있었던 것은 아니다. 노벨상을 수상하기 10년 전, 전두엽 절리술을 받은 환자는 아니었지만 예전에 치료했던 환자에게 총을 여러 발 맞아 그는 평생 휠체어 신세를 지게 되었다.[1]

미국에서는 신경외과 의사 월터 프리먼Walter Freeman과 그의 동료인 제임스 와츠James Watts가 전두엽 절리술을 마치 종교적 신념을 발휘하듯 열정을 가지고 수행했다. 이들은 얼음송곳같이 생긴 도구로 눈 주변 뼈를 뚫고 뇌에 접근하는 기법을 이용했다. 어떤 때에는 마취제도 사용하지 않고 수술했으며, 갈수록 환자를 무분별하게 선택했다. 프리먼은 전국을 돌아다니며 전두엽 절리술 수천 건을 시술했다. 유명한 환자로는 존 F. 케네디 대통령의 누이인 로즈메리 케네디와 할리우드 여배우 프랜시스 파머도 포함되어 있었다.[2] 모니스와 마찬가지로 프리먼은 좋은 결과를 얻었다고 주장했다. 그러나 모니스와 마찬가지로 프리먼은 시술의 장기적 영향을 조사하지 않았고, 발작이나 마비 또는 사망과 같은 문제점을 무시했다. 프리먼이나 모니스는 손상을 입은 뇌 부위를 볼 수 없었기 때문에 수술 결과를 예측하기 힘들었던 것이다. 전두엽 절리술에 대해 비판적인 사람은 성공적으로 치료된 사람도 실제는 치료된 것이 아니고 단지 둔해지거나 조용해진 것뿐이라고 주장했다.

전두엽 절리술은 영국에서도 각광을 받았다. 영국의 주창자는 호언장담을 일삼는 신경외과 의사인 와일리 매키소크Wylie McKissock였고, 그 역시 전국을 돌며 수천 건의 전두엽 절리술을 진행했다.[3] 매키소크는 1971년 기사 작위를 받았다. 그러나 이 수술이 어디서나 환영받은 것은 아니다. 소련에서는 1950년에 금지되었다.

일반적으로 모니스가 정신 수술psycho surgery의 창안자로 간주되기는 하지만, 계획적으로 뇌를 손상시켜 증상을 완화시키는 아이디어는 르네상스 시대의 천두술과, 이후 19세기 스위스의 심리학자 고틀리프 부르크하르트Gottlieb Burckhardt의 수술에서 유래한다.[4] 1880년에 나온 부르크하르트의 부분 절제술topectomy은 전두엽, 두정엽, 측두엽에서 몇 군데를 절개하는 것이다. 이 방법은 결국 성공하지 못했다. 아마도 수술을 받은 정신병 환자 여섯 명 중 두 명이 죽은 것이 큰 이유였을 것이다. 모니스나 프리먼이 20세기 들어서 정신병 치료 방법이 절실했던 세상에 자신들의 방법을 선보이며 보였던 카리스마와 열정이 부르크하르트에게는 부족했던 것도 이유였을 것이다.

보기에는 이렇게 잔혹하고 무지막지한 방법이 오랫동안 허용되어 왔다는 것은 믿기 힘든 것이 사실이다. 그러나 수술의 대상이 되었던 대부분의 중증 환자에게 다른 방법이 없었다는 것을 기억해야 한다. 이들 중 많은 환자가 전두엽 절리술을 받지 않았다면 수용소에 갇혀 여생을 보냈을 것이다. 또한 대중 매체는 삶의 질이 눈에 띄게 향상된 환자의 이야기에 집중했다. 전두엽 절리술의 인기가 가장 높았던 1950년에 BBC 라디오 방송을 통해 나온 판정은 "고통받던 뇌가 평화를 얻다"였다. 또한 항암 화학 요법에서도 암을 치유하기 위해 정상 조직을 의도적으로 파괴한다는 논리도 이와 비슷한 예로 적용할 수 있다. 심지어 건강한 몸이나 얼굴에 칼을 대서 환자에게 심리적 혜택을 준다는 관점에서 성형 혹은 미용 수술과 비교할 수 있다고 주장할 수도 있다.

전두엽 절리술은 1950년대에 클로르프로마진chlorpromazine(소라진Thorazine)과 같은 정신병 치료약이 나오면서 인기를 잃기 시작했다. 또한 수술 결과가 좋지 않은 경우가 많다는 것이 알려지면서, 프리먼이 '얼음송곳을 신나게 휘두르는' 것을 반대하는 사람이 늘어나기 시작했다. 신경 과학의 전설이 된 전두엽 절리술의 무시무시한 명성은 1975년 대성공을 거둔 영화 〈뻐꾸기 둥지 위로 날아간 새One Flew Over the Cuckoo's Nest〉로 인해 마침내 종말을 맞게 되다. 이 영화에서 반항적인 환자 랜들 맥머피(잭 니콜슨 연기)는 자신의 의지에 반해 강제로 시술받고 결국 정신이 나간 좀비나 다름없게 되었다.

뇌 수술이 없어졌다고 생각하는 것은 실수이다. 뇌 수술은 결코 사라지지 않았다. 오늘날에도 심각한 우울증이나 강박 장애를 앓는 환자 중 다른 치료 방법이 통하지 않는 자들이 최후의 수단으로 뇌 수술을 받는다. 뇌 수술은 전두엽 절리술보다 더 정교하다. 이는 새로운 스캔 기법과 정위 신경 수술 도구를 이용해 수술 대상 부위를 삼차원 좌표로 정확히 표시하기 때문이다. 현재 이루어지는 수술에는 대상회전 절개술anterior cingulotomy, 하미상부 신경로 절개술subcaudate tractomy, 변연계 백질 절제술limbic leucotomy 등이 있으며, 모두 감정 혹은 정서의 처리 과정과 관계있다. 뇌 수술 옹호자들은 이 수술들이 전두엽 절리술 시절보다 훨씬 더 안전해졌으며, 뇌 전체에 퍼지는 약물 처리보다 더 정교한 방법이라고 강조한다.[5] 또한 미국에서는 실험적 수술을 허락하기 전에 득실을 따져보는 기관인 심의위원회가 환자를 보호한다. 유사한 윤리 위원회가 영국과 다른 나라에도 존재한다.

현대 뇌 수술 일부는 조직을 파괴하지 않는다. 뇌 심부 자극술은 미세 도구를 삽입해 지속적으로 특정 뇌 부위를 자극해 활성을 억제하는 방법이며, 파킨슨병, 불안 장애, 우울증 치료에 쓰인다. 경두개 자기 자극 기법은 자기 진동을 두피 가까이에서 일으켜 핵심 뇌 부위 일부를 마비시키는 방법이다. 그리고 줄기세포를 손상된 뇌 부위에 이식해 해당 뇌 조직에 적절한 세포로 발생하게 하려는 실험적 시술도 있다. 이러한 방법이 강력한 위약 효과가 아니라 실제 효과가 있는지는 현재 연구하는 중이다.

뇌 수술은 빠르게 발전하는 의학 분야이며, 오늘날의 실험 기법은 의심의 여지없이 훗날의 신경 과학자들을 경악하게 할 것이다. 그런 관점에서, 우리가 다시 프리먼과 와츠가 보였던 저돌성을 다시 용납하는 것은 상상이 되지 않는다.

전기 경련 요법이란 무엇인가?

대중의 인식 속에 어둡게 자리 잡은 또 다른 뇌 치료법은 전기 경련 요법electroconvulsive therapy: ECT이다. 이 기법은 우울증 환자 일부가 뇌전증으로 인한 발작 후 증상이 완화되는 것에 착안해 1930년대에 개발되었다.

전두엽 절리술과 달리 오늘날까지 중증 우울증 환자의 최후 치료 방법으로 널리 쓰인다. 2008년 다니엘 파그닌Daniel Pagnin 연구팀의 메타분석에 따르면, 전기 경련 요법은 모의 치료(즉, 위약)나 항우울증약보다 우월한 치료 효과를 보였다.[6] 스콧 릴리언펠드Scott Lilienfeld 연구팀은 2010년 "전기 경련 요법보다 더 오해받는 것은 없다"라고 밝혔다.[7] 일부는 이 기법이 야만적이며 환자를 좀비로 만든다고 본다.

전기 경련 요법이 기억력에 문제를 일으킬 수는 있지만, 대중문화에서 묘사하는 사악한 모습은 사실과 다르다. 많은 환자가 이 치료법이 자신의 생명을 구했다면서, 우울증이 재발한다면 전기 경련 요법을 다시 받을 것이라고 말한다.[8]

전기 경련 요법의 험악한 평판은 역사에서 일부 기인한 것이다. 초기에는 문제 환자를 벌하는 방법으로 쓰이는 등의 남용이 있었다. 마취제와 근육 이완제가 널리 쓰이기 전에는 유도된 경련이 심한 발작으로 이어지기도 했으며, 골절 같은 심한 부상을 유발하기도 했다. 영화 속 묘사도 나쁜 인상을 주는 데 한몫했다. 〈뻐꾸기 둥지 위로 날아간 새〉에서는 랜들 맥머피가 환자를 선동한 벌로 전기 경련 요법을 받는 악명 높은 장면이 나오기도 한다.

전기 경련 요법에 대한 두려움과 불신의 이유 중 하나는 이 방법의 작용 기전을 모른다는 것이다. 새 단서는 애버딘 대학교의 제니퍼 페린Jennifer Perrin 연구팀이 환자 아홉 명을 대상으로 치료를 받기 전과 후를 비교한 기능성 뇌 스캔 연구를 2012년에 발표하면서 알려졌다.[9] 치료 후에 뉴런 간의 지나친 연결성이 줄어들었다는 것이다. 2013년에 나온 다른 연구 결과에 의하면, 수술받은 양극성 우울증 환자와 단극성 우울증 환자의 뇌에서 국소적으로 회백질의 부피가 늘어났다. 이러한 뇌 내 변화의 정도는 치료의 효과와 비례한다는 것이 밝혀졌다.[10] 그럼에도 불구하고 전기 경련 요법에 반대하는 사람은 여전히 많다. 정신과 의사 존 리드John Read는 2013년 BBC 뉴스와 인터뷰에서 "전두엽 절리술이나 충격 욕조 기법•과 마찬가지로 전기 경련 요법도 앞으로 10년에서 15년 내에 폐기될 것으로 확신한다"라고 말했다.[11]

•   [옮긴이] 사람을 물이 찬 욕조 안에 세워놓고 갑자기 욕조를 움직여 넘어지게 하는 치료법이다.

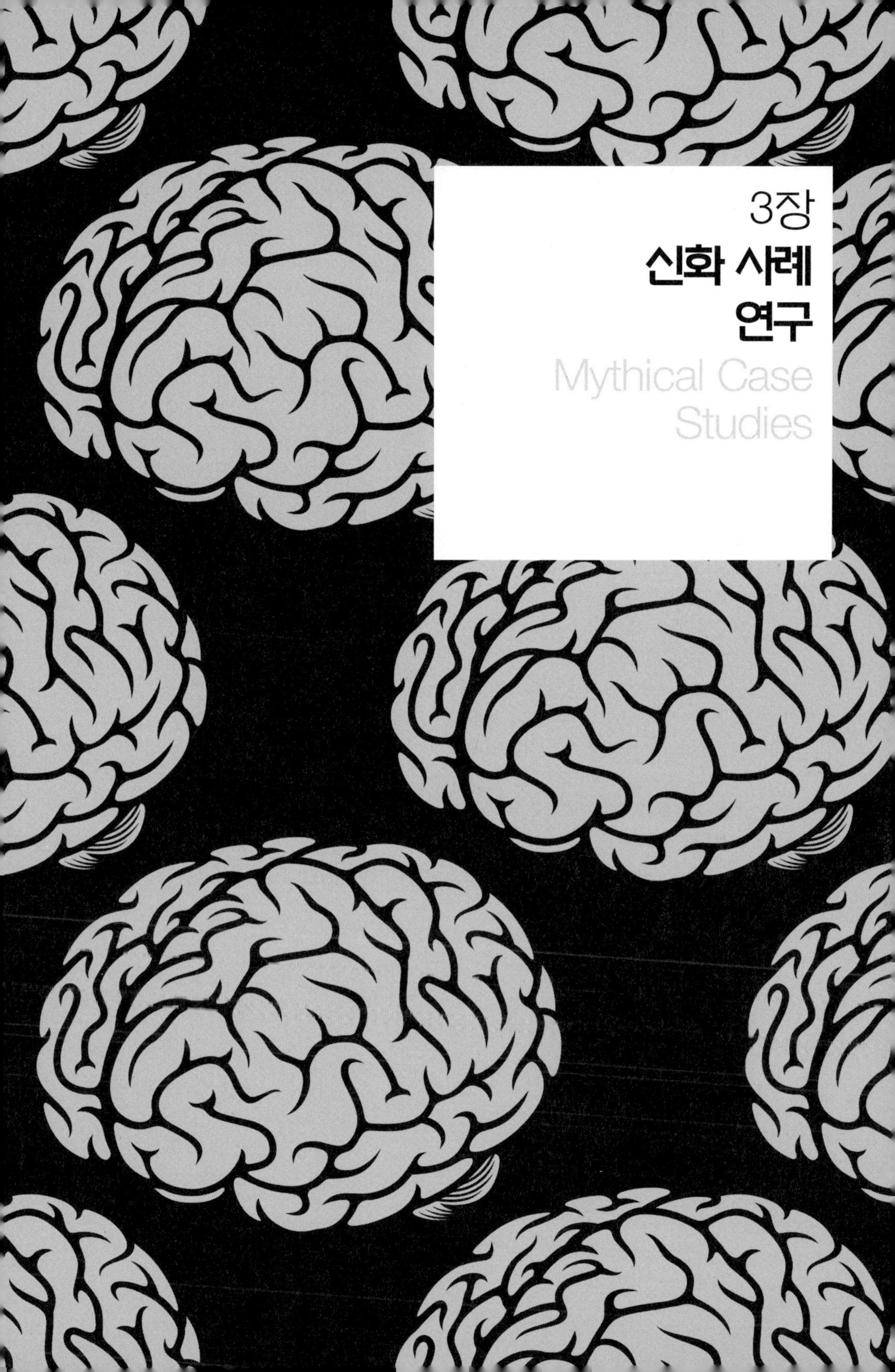

3장
신화 사례
연구
Mythical Case
Studies

신경 과학의 역사에는 개인의 불행이 뇌에 관한 획기적인 지식으로 이어지게
한 전설적 인물이 몇 있다. 이 장에선 19세기에 태어난 두 사람과 20세기에 태
어난 한 사람, 총 세 사람의 이야기를 소개한다. 피니스 게이지, 탄, 헨리 몰레
이슨이 바로 그들이다.

이들의 이야기는 거의 신화적 위상을 가지고 있고, 수백 종의 심리학 및 신경
과학 교과서에 등장하며, 심지어는 이들을 다룬 시와 영화도 존재한다. 이 환자
들을 대상으로 한 연구가 어떻게 뇌에 관한 여러 신화를 뒤집었는지 보는 한편,
다른 신화와 잘못된 정보가 어떻게 새로 만들어졌는지도 알게 될 것이다. 실제
로 현대 과학자들은 여전히 이들의 사례에 관심이 많으며, 최신 장비를 동원해
이들의 병들고 손상된 유해를 대상으로 뇌에 관한 새로운 통찰을 위해 연구를
지속하고 있다.

뇌 부상으로 충동적 망나니가 된
역사상 가장 유명한 환자

신경 과학의 전설 중 가장 유명한 것은 쇠막대가 뇌를 통과한 후 성격이 변한 철도 공사 감독 피니스 게이지의 이야기일 것이다. 1848년 게이지는 미국 버몬트주 중부에 건설 중이던 러틀랜드-벌링턴 철도의 작업 현장에서 사고를 당했다. 길을 내기 위해 바위 사이에 화약을 다져넣던 중 예상보다 폭발이 빨리 일어났고, 무게 6킬로그램, 길이 105센티미터, 지름 3센티미터의 쇠막대가 그의 얼굴로 날아가서 왼쪽 눈 밑으로 들어가 정수리를 통과한 뒤 20미터 뒤에 떨어졌다. 소달구지에 실려 근처 병원으로 간 그는 놀랍게도 다른 사람의 도움 없이 달구지에서 일어났다. 그러나 그는 더 이상 예전의 게이지가 아니었다.

처음으로 현장에 달려가 그를 치료했던 의사 중 한 명인 존 할로John Harlow가 쓴 불멸의 기록에 의하면, 게이지의 "정신세계는 극단적으로 변했고, 친구와 지인은 '더 이상 예전의 게이지가 아니다'라고 말했다".[1] 할로는 1868년 보고서에서 그 원인을 "지적 기능과 동물적 본능의 균형 혹은 평형이 파괴된 것으로 보인다"라고 한다. 할로는 당시 상황을 사고 전 게이지의 성격과 대비시켜 설명했다. "그는 균형 잡힌 성격으로, 모두들 그를 기민하고 영리하며 본인이 계획한 일을 열정과 끈기를 가지고 실행하는 사람이라고 생각했다." 시고 이후 성격이 포악해진 게이지는 이후 한 손에 마대를 든 서커스의 구경거리로 일하기도 하며 11년 후에 죽을 때까지 빙황하게 된다. 이것이 수백 권의 심리학과 신경 생물학 교과서, 연극, 영화, 시, 유튜브의 촌극이 우리에게 알려주는 바다. 즉, 신화에 따르면 '성격은 전두엽에 존재하며, 여기에 손상이 있으면 당사자는 영원히 변한다'는 것이다.

그러나 실제로 게이지의 사례는 지난 20년간 극적인 재평가를 받게 된다. 이것은 멜버른 대학교의 맬컴 맥밀란Malcolm Macmillan과 매사추세츠주에서 일하는 매슈 리나Matthew Lena의 꼼꼼한 조사 덕분이다(또한 새로운 영상 자료의 도움이 있었다. tinyurl.com/a42wram 참조).[2] 이들의 연구에 의하면 게이지가 바넘 박물관과 다른 곳에서 구경거리로 일한 시간은 매우 짧다는 것이다. 그는 1851년에 뉴햄프셔주의 여객용 마차 사업장에서 18개월간 일하기도 했다. 그리고 1852년 또는 1854년에 칠레로 이민해 발파라이소와 산티아고를 왕복하는 육두마차의 마부로 일을 시작했다. 새로운 어휘를 배우고, 승객에게 친절히 대하며, 말을 잘 제어하면서 수백 마일의 험한 길을 운행하는 일은 매우 힘들었을 것이다. 맥밀란과 리나에 의하면 이러한 상황은 게이지가 심리 사회학적 관점에서 매우 괄목할 만한 회복을 보였다는 것이다. 할로가 묘사한 험악한 방랑자의 삶은 매우 짧은 순간이었을 것이다. 맥밀란과 리나는 게이지가 사고 이후 갖게 된 직업은 그에게 회복에 필요한 환경을 제공했을 것으로 생각한다. 최근에 관찰 기록된 뇌 손상 환자의 회복 성공 사례와 비슷한 상황이다(예외의 경우는 327쪽 참조). 결국 게이지는 1859년에 중병에 걸렸고, 칠레를 떠나 가족이 있는 샌프란시스코로 돌아왔으나 수차례의 발작 끝에 1860년에 사망한다. 그의 두개골과 쇠막대는 보스턴 소재 워런 해부학 박물관에 소장되어 있다.

게이지의 부상과 회복에 관한 애매모호함은 당시의 뇌 기능에 관한 지식 부족에 기인한다. 1장에 나왔듯이 전두엽을 포함한 대뇌 피질은 기능적 중요성을 지니고 있고, 다양한 기능을 가진 부위로 나뉘어 있다는 사실이 겨우 인지되기 시작한 상황이었다. 많은 정보는 골상학에서 나온 잘못된 주장에 바탕을 두고 있다. 또한 게이지에 대한 부검이 이루어지지 않은 것도 이에 기여했다.

게이지의 두개골은 1868년 무덤에서 파내져 할로에게 보내졌다. 할로는 게이지의 왼쪽 전두엽과 중엽이 파괴되었고, 그가 부분적으로 회복된 것은 손상되지 않은 우뇌가 보완을 했기 때문이라고 결론지었다. 이후 게이지의 두개골은 100년 가까이 방치된다. 1980년대에 들어서 새로운 세대의 과학자가 최신 기술을 이용해서 게이지의 부상을 재현하기 시작했다. 가장 첨단의 기술이 쓰인 연구는 2004년에 발표된 컴퓨터를 이용한 해부학적 분석이었다. 브리검 앤드 위민스 병원과 하버드 의대에서 일하는 피터 라티우Peter Ratiu 연구팀은 게이지의 두개골을 대상으로 다층 삼차원 CT 스캔을 했고, 그것을 정상 뇌의 삼차원 모델과 겹쳐보았다. 그리고 쇠막대의 경로를 재현해 보았다. 맥밀란과 리나가 재해석한 게이지의 회복 내용과 일관성 있게, 라티우의 연구팀은 게이지가 왼쪽 전두엽, 좀 더 정확히 말하면 안와 전두와 배횡 전두 부위에만 부상을 입었고 뇌실은 손상되지 않았다는 것을 밝혀냈다. 이것은 게이지가 뇌 양쪽 모두에 부상을 입었다는 과거의 일부 주장과 어긋나는 것이며, 그가 보여준 정도의 회복이 어떻게 가능했는가를 설명해 준다.

2012년에는 캘리포니아 대학교와 하버드 대학교의 존 밴혼John van Horn 박사 연구팀이 확산 텐서 영상 데이터와 자기 공명 영상을 조합해 게이지의 부상이 뇌의 결합 조직까지 손상을 입혔는지 조사했다(223쪽 〈그림 12〉 참조).[3] 이는 이전 과학자들이 무시해 온 부분이다. 쇠막대의 추산된 궤도와 21세기에 작성된 유사한 나이대의 건강한 남성 110명의 뇌에 있는 결합 조직 이미지를 겹쳐 분석한 결과, 게이지 대뇌 피질 내 회백질의 4퍼센트, 그리고 중요한 신경 다발을 포함한 백질의 11퍼센트가 손상을 입었다고 결론 내릴 수 있었다. 이러한 손상은 매우 심각한 결과를 초래했을 것이며, 좌뇌 외에도 간접적으로 우뇌에 영향을 미쳤을 것이라고 한다. 불행하게도 이러한 분석 결과는 게이지의 손상된 연결 조직이 얼마나 부상에 적응을 했는지는 알려주지 않는다.

게이지의 사례가 신경 과학에서는 신화적 위상을 가지고 있기는 하지만, 그가 당시에 유일하게 심각한 뇌 손상으로부터 살아남은 사람은 아니다.[4] 영국 의학 학술지 ≪브리티시 메디컬 저널≫의 기록에 따르면 뇌의 상당 부분을 잃은 뒤에도 비교적 정상적인 삶을 살았던 환자의 사례가 다수 발견된다. 한 사례가 1853년 논문 「전두골 복합 골절과 뇌 조직 손실로부터 회복된 사례Case of recovery after compound fracture of the frontal bone and loss of cerebral substance」에 나타나 있다. 여기에는 빠르게 돌아가는 권양기(윈치 혹은 윈드라스) 손잡이에 부딪친 사고로 '최소한 한두 숟가락' 정도의 '뇌 조직'을 잃은 60세 남자 부스Booth에 관한 이야기가 나온다. 3개월 후 부스의 의사는 환자의 지적 기능에 손상이 없으며, 근육도 "전혀 마비되지 않았다"라고 보고했다.

언어 능력은
뇌 전체에 분산되어 있다

19세기 후반에 이르러 대뇌 피질의 중요성이 광범위하게 인정되면서, 의사와 과학자들은 뇌의 어느 부위가 무엇을 하는지 알아내기 위해 뇌에 손상을 입은 환자에게 집중하기 시작했다. 이러한 '우연한 자연 현상'은 매우 유익한 정보를 제공한다. 만약 뇌의 특정 부위에 입은 손상이 특정 기능의 마비로 이어지고 다른 부위의 손상이 동일한 기능 마비를 일으키지 않는다면, 이것은 두 부위의 기능적 독립성을 암시한다. 이른바 '이중 해리double-dissociation'는 더욱 많은 것을 가르쳐준다. 이중 해리는 각기 다른 부위에 손상을 입은 두 환자가 다른 양상의 장애를 보이는 상황이다. 이러한 사례 분석은 오늘날까지도 매우 유효하다.

신경 과학 사상 기념비적인 사례 중 하나는 1861년 4월 11일 프랑스의 신경 과학자 겸 인류학자 폴 브로카를 만나기 위해 파리의 비세트르 병원 외과 병동으로 이송된, 51세의 장기 수용 환자 르보르뉴Leborgne의 사례이다. 그의 불행한 운명이 당시 다수에게 지지받던 언어 능력이 '뇌 전체에 분포되어 있다'는 신화를 뒤집었던 것이다.

르보르뉴는 '탄Tan'이라는 별명을 가지고 있었는데, 그 이유는 답답할 때마다 내뱉던 "하나님의 신성한 이름으로sacré nom de Dieu"(당시에는 심한 욕으로 간주되었다)라는 말 외에 그가 낼 수 있었던 소리는 특별한 의미가 없는 '탄'뿐이었기 때문이다.[1] 이해력에는 문제가 없었지만, 탄은 아마도 어릴 때부터 앓던 뇌전증의 후유증으로 31세가 되었을 때에는 언어 능력을 잃었던 것 같다. 유독한 금속 가스에 노출되어 생긴 것으로 추정되는 심각한 두통 때문에 1833년에 처음으로 병원 신세를 지게 된 탄은 이후 서서히 몸의 오른쪽의 기능을 잃게 된다.[2] 1861년에 비세트르 병원 외과를 찾은 이유는 오른쪽 다리에 생긴 괴저 때문이었다. 탄은 오래 버티지 못했다. 그는 브로카를 만난 지 일주일 만에 사망했다.

탄의 사망은 브로카의 입장에서는 때맞추어 일어났다고 볼 수 있다. 당시 언어 구사력이 전두엽에 있느냐가 학계에서 매우 활발히 논의되던 때였기 때문이다. 골상학적 주장이 신빙성을 잃은 지 얼마 되지 않은 시점이어서 많은 전문가는 언어 구사 능력 및 여러 지적 기능이 뇌 전체에 골고루 분산되어 있다는 쪽으로 기운 상태였다.

장바티스트 부요Jean-Baptiste Bouillaud, 마르크 닥스Marc Dax, 그리고 다른 학자들은 이미 전두엽 손상에 따른 언어 장애 사례를 수십 건 모아 놓은 상태였다. 그러나 학계에서는 인정하려 들지 않았다(67쪽의 "내기" 내용 참조). 탄은 그러한 상황을 역전시켰다. 브로카는 탄의 사망 이후 그의 뇌를 검사했고, 검시 결과를 프랑스 인류학회Société d'Anthropologie de Paris(브로카가 창립함)와 프랑스 해부학회Société Anatomique de Paris에 보고했다. 브로카는 탄의 언어 장애, 정상적인 이해력, 그리고 왼쪽 전두엽 세 번째 전두회 부위에 입은 손상에 대해 보고했다. 이 부위는 이후 브로카 영역Broca's area이라고 불린다(224쪽 〈그림 13〉 참조).

브로카의 명성 그리고 상세하고 정확한 사례 보고가 이전과의 차이를 가져왔고, 결국 당시 신경 과학자들은 언어 구사 능력이 전두엽과 밀접한 관계가 있다는 것을 받아들였다. 역사학자 스탠리 핑거Stanley Finger는 이를 '뇌 과학의 중요한 전환점'이라고 했다.[3] 브로카는 얼마 지나지 않아 추가 사례를 통해 왼쪽 전두엽의 손상이 언어 장애를 가져온다는 것을 알게 되었다(프랑스 신경 과학자 마르크 닥스는 수십 년 전에 이미 같은 관찰을 했으나 결과를 발표하기 전에 사망했다).[4] 브로카는 이러한 언어 장애를 프랑스어로 실어증aphémie이라고 했으나, 이는 아르망 트루소Arman Trousseau가 그리스어 어원을 살려 만든 같은 의미의 단어 'aphasia'로 대체되어 아직도 쓰이고 있다. 오늘날 브로카 영역의 손상으로 인해 생긴 언어 장애는 브로카 실어증Broca's aphasia이라고 불린다.

탄의 뇌 손상에 대해서는 자세히 알려져 있지만 인생 전반에 대해 알려진 것은 거의 없다는 점에서 게이지와 다르다. 일부에 따르면 탄은 상스럽고

공격적이었다고 하나, 브로카는 의료 기록에 신상에 관한 이야기는 거의 남기지 않았다. 다행히 폴란드 역사학자 체자리 도만스키Cezary Domanski가 두 편의 논문을 통해 충실히 기록했는데, 여기에는 르보르뉴의 의료 기록을 포함한 자료가 보고되어 있다.[5]

이제 탄의 이름이 루이 빅토르 르보르뉴Louis Victor Leborgne라는 것과, 그가 후세에 클로드 모네와 다른 인상파 화가에게 영감을 주었던 아름다운 작은 도시 모레쉬르루앙에서 태어났다는 것을 알고 있다. 그는 학교 선생님이었던 아버지 피에르 크리스토프 르보르뉴와 어머니 마르게리트 사바르 사이에서 태어났다. 병 때문에 정상 생활이 불가능해지기 전에 르보르뉴는 신발 틀을 만드는 장인이었다. 건강이 나빠져서 더 이상 일을 할 수 없게 되자, 그는 심각한 빈곤에 처했을 것으로 추정된다. 역사학자 도만스키는 이 점에서 르보르뉴를 동정한다. 르보르뉴가 호감을 사지 못했던 것은 결코 놀라운 일이 아니었다는 것이다. 극빈자로 평생 병원 신세를 지게 된 "희망 없는 어려운 상황에서 르보르뉴의 인간성이 다른 방향으로 형성되는 것은 당연하다"라고 도만스키는 말했다.

르보르뉴의 가족과 생애 전반기 직업에 관한 새로운 정보는 다른 잘못된 인식을 뒤엎는 것이다. "즉, 하층민 출신에 교육을 못 받은 무지렁이라는 인식은 잘못된 것임을 확실히 해야 한다"라고 도민스키는 주장한다. 그는 또한 흥미로운 주장을 편다. 르보르뉴의 고향인 모레에 가죽 무두질 공장이 여럿 있었는데, 그가 내뱉던 '탄'은 자신의 아름다운 고향에서의 어릴 적 기억과 관련이 있다는 것이다.

탄의 뇌에 대해 자세하게 알게 된 것은 브로카가 그를 해부하지 않고 후세를 위해 보존될 수 있도록 외부만 관찰했기 때문이다(뇌는 현재 파리의 뒤피트랑 박물관에 보관되어 있다). 탄의 뇌는 세 차례에 걸쳐 현대 영상 기술로 분석되었다. 첫 번째는 1980년에 이루어진 컴퓨터 단층 촬영CT scan이었고, 다음은 1994년 자기 공명 영상 촬영, 그리고 2007년에 고해상도 자기 공명 영상 촬영이 있었다. 핑거에 의하면 이는 "아마도 뇌 과학 역사상 가장 유명한 뇌"가

되게 하는 데 기여한 분석일 것이다.

신화적인 위상을 가진 모든 사례와 마찬가지로, 탄과 그의 뇌에 관한 해석은 계속해서 진화하고 있다. 2007년에 스캔을 시행했던 니나 드롱커스Nina Dronkers 연구팀에 의하면, 탄이 입은 손상은 브로카가 생각했던 것보다 훨씬 더 광범위했으며, 왼쪽 전두엽의 내부 깊은 곳까지 미쳐 있었고, 여기에는 전두엽을 뇌의 뒷부분과 연결하는 신경 다발인 궁상얼기arcuate fasciculus도 포함되어 있었다.[6] 실제로 탄의 뇌가 입은 가장 심각한 손상은 브로카 영역이 아니었으며, 뇌 내부의 손상이 탄의 중증 언어 장애에 큰 영향을 미쳤을 것으로 보인다. 브로카는 뇌를 해부하지 않아 이러한 손상을 알지 못했던 것이다.

드롱커스 연구팀은 또한 오늘날 브로카 영역으로 생각되는 부위(하전두회의 뒤쪽 3분의 1)는 흥미롭게도 브로카가 처음 지정했던 더 넓은 영역(하전두회의 뒤쪽 2분의 1)과 일치하지 않는다고 지적한다. 이는 현재의 브로카 영역이 원래 브로카 영역보다 작다는 것, 그리고 탄의 실어증은 원래 혹은 현재의 브로카 영역이 아닌 다른 곳의 손상에서 온 것일 수도 있다는 기이한 상황이 벌어졌다는 것을 말한다. "이 모든 것이 브로카의 기념비적인 발견의 가치를 떨어뜨리는 것은 절대 아니다"라고 드롱커스 연구팀은 말한다. 실제로 많은 역사학자는 탄을 대상으로 한 브로카의 연구를 인지 신경 심리학의 출발점으로 여긴다.

그렇다면 현대 신경 과학에서 브로카 영역은 뇌의 어떤 기능을 담당한다고 판단하는가? 이 영역의 손상이 일반적으로 언어 장애를 일으킨다는 브로카의 주장은 옳지만, 브로카 영역 없이도 말을 할 수 있다는 것이 확인되었다. 반면 브로카 영역은 언어 이해, 청취, 음악 연주, 행동 관찰 및 이행 등 다른 정신 기능에도 관여한다는 것이 확인되었다. 현대 심리학자들은 브로카 영역이 말을 할 때와 이해할 때 올바른 구문 처리에 중요하다고 생각한다. 좀 더 뒤쪽의 두정엽과 근접한 영역(베르니케 영역Wernike's area)은 대조적으로 의미를 이해하고 처리하는 데 중요하다고 간주된다.

브로카 영역에 대해 마지막으로 덧붙이자면, 이 부위에 손상을 입어도 언어 생성 능력이 회복될 수 있다는 증거가 있다. 이것은 최근 보고된 주목할 만한 사례 덕분이다. FV라는 약칭으로 불리는 남자 환자는 브로카 영역을 포함한 뇌의 앞쪽에서 커다란 종양을 제거했다. 그럼에도 불구하고 그의 언어 구사력은 거의 영향을 받지 않았다. 2009년에 해당 사례를 기록한 모니크 플라자Monique Plaza 연구팀은 FV가 잘 회복할 수 있었던 이유는 종양이 워낙 천천히 자라서 (전운동 피질과 미상핵 앞부분을 포함한) 다른 부위가 브로카 영역의 기능을 대체했기 때문이라고 믿는다.[7] 그러나 FV에게는 이상한 후유증이 남았다. 그는 다른 사람이 한 말을 다시 말로 옮길 수 없었다.

또 다른 기이한 사례는 2013년에 보고된 17세 소년의 이야기이다. 그는 두 살 때 브로카 영역뿐만 아니라 좌뇌 대부분을 제거해야 했다(커다란 양성 종양을 제거하기 위해서였다!). 그는 우뇌를 이용해 서서히 언어 능력을 회복했고, 나중에는 잘 모르는 사람에게는 읽기와 말하기 둘 다 정상으로 보일 정도였다.[8] 흥미롭게도 우뇌에 형성된 언어 능력 네트워크는 건강한 좌뇌에 만들어지는 기능적 조직을 모사하는 것처럼 보였다. 마치 신경 '청사진'이 있어 그것을 그대로 따르는 것처럼 말이다.

탄 이야기로 다시 돌아가면, 그의 이야기가 심리학과 신경 과학의 역사에서 중요한 부분임에는 의심의 여지가 없다. 그러나 그가 입은 손상 자체에 관한 새로운 이해 그리고 FV와 같은 새로운 사례를 결부해 볼 때, 뇌 손상과 회복에 관한 한 간단한 부분은 없다는 것을 알 수 있다. 부위별로 기능이 분산되어 있다는 사실은 잘 알려진 뇌의 특징이지만, 특정 능력이 한군데로 깔끔하게 배정되는 것은 아니라는 것이다. 뇌에 관한 그 어떤 설명도 이 장기가 손상에 적응하는 놀라운 능력을 고려하지 않고는 성립되지 않는다.

내기

폴 브로카는 언어 중추가 좌뇌 전두엽에 있다는 것을 밝힌 사람으로 인정받고 있지만, 첫 번째로 언어 구사에 전두엽이 중요하다고 모호하게나마 주장한 사람은 프랑스의 의사 장바티

스트 부요이다. 그는 1825년에 발간한 책과 논문에서 전두엽에 손상을 입은 후 다른 마비는 보이지 않고 실어증만 보이는 환자에 관해 기록했다.

부요의 문제는 그의 주장이 1848년에 이미 학계에서는 놀림감이 된 골상학처럼 들렸다는 것이다(49쪽 참조). 이후 23년 동안 수백 건의 유사 사례를 기록한 그는 언어 능력이 온전한 전두엽을 필요로 한다는 사실을 굳게 믿었고, 과감한 제안을 한다. 누구든 전두엽 손상을 입고 언어 능력을 유지한 환자의 사례를 제시할 경우, 당시로는 매우 큰돈이었던 500프랑을 주겠다고 한 것이다. 역사학자 스탠리 핑거는 "뇌 과학 역사상 가장 큰 내기"였을 것이라 말했다.

부요의 상금은 여러 해 동안 청구되지 않았다. 그러다가 1865년 뇌의 편측성에 대해 당대 최고의 신경 과학자가 모여 이야기하던 의학 아카데미 토론에서, 벨포Velpeau라는 외과 의사가 부요의 내기에 관해 말을 꺼냈다. 그는 1843년에 본 사례를 들어 그가 상금을 받을 자격이 있다고 말했다. 이미 여러 해가 지난 시점에 나온 주장에 대해 부요가 보인 불신의 표정을 상상해 보라!

벨포의 사례는 1868년에 프레더릭 베이트먼Frederic Bateman 경에 의해 발간되었고, 이제는 구글북스로도 볼 수 있는 『뇌 질병에 의한 실어증에 관하여On Aphasia, or Loss of Speech in Cerebral Disease』에서 찾아볼 수 있다.[9] 베이트먼에 의하면, 벨포가 말하길 "종양이 양쪽 전두엽 자리를 차지한" 60세의 가발 제작자인 환자가 있었으며, 환자가 죽기 전에 보인 놀라운 증상은 바로 그의 "참을 수 없는 수다"였다는 것이다. 베이트먼에 의하면 "그런 수다쟁이는 유사 이래 없었다. 다른 환자들은 수차례 불만을 제기했으나 이 수다쟁이는 밤낮을 가리지 않고 다른 환자의 휴식을 방해했다"고 한다.

벨포가 정확히 사례를 제시했는지, 만약 그랬다면 어떻게 환자가 전두엽 없이 말을 할 수 있었는지는 영원히 알 수 없을 것이다(아마도 전두엽 상당 부분은 온전했을 것이다). 우리가 아는 것은 부요가 졌다는 사실이다. 브로카의 전기 작가였던 프랜시스 실러Francis Shiller에 따르면, "장시간에 걸친 열띤 토론 끝에 부요는 돈을 내야 했다."[10]

신화 10

기억은 대뇌 피질 전체에
분산되어 있다

2008년 12월 2일 오후 5시 5분, 신경 과학계와 심리학계는 이 분야에서 가장 영향력이 컸던 사례의 환자인 헨리 구스타브 몰레이슨이 82세의 나이로 사망했다는 소식을 접하고 슬퍼했다. 1950년대부터 실명을 감추기 위해 각종 발간물에서 HM으로 불리던 헨리의 인생은, 그가 27세 되던 해 매우 심각한 뇌전증 치료의 최후 수단으로 받은 수술 이후 영원히 변했다. 그의 발작은 아홉 살 때 자전거에 머리를 부딪힌 후 시작되었고 지속적으로 악화되었다. 16세 때는 하루에 10차례 이상 양쪽 뇌 반구 모두를 포함하는 이른바 긴장성 간대성 발작tonic-clonic seizure(뇌전증에 관해 351쪽 참조)을 겪게 되었다. 이 발작은 그의 두 뇌 반구에 영향을 미쳤다. 가장 강한 항경련제조차 듣지 않자, 그는 무엇이든 시도해 볼 수밖에 없었다.

윌리엄 비처 스코빌William Beecher Scoville은 캐나다의 유명한 신경외과 의사 와일더 펜필드Wilder Penfield의 제자였고, 이미 정신병 환자의 뇌 일부를 제거해 본 경험이 많았다. 그는 부분 뇌엽 절리술fractional lobotomy이라는 급진적이고 새로운 방법으로 헨리를 수술했다. 이전의 전두엽 절리술보다 더 정교하면서도 환자에게 도움이 될 것으로 생각했기 때문이다. 스코빌은 이 수술이 위험하다는 사실을 알고 있었다(물론 오늘날은 절대로 허용되지 않는다). 그러나 그는 측두엽 일부를 제거하면 헨리의 끔찍한 발작을 근절시킬 수 있으리라 희망했다.

코네티컷주 하트포드 병원에서 수술이 이루어질 당시에 대부분의 전문가는 기억은 대뇌 피질 전체에 분산되어 있다고 생각했다. 앞에서 보았듯이 바로 이전 세기에 브로카가 언어 능력이 뇌 전체에 분산되어 있다는 생각을 뒤집었지만, 기억이 분산되어 있다는 믿음은 굳건했다. 이 믿음은 1917년 미국의 심리학자 칼 래슐리Karl Lashley와 그의 동료 세퍼드 프랜즈Shepherd Franz가 쥐를 이용해 실험한 결과에서 기인한다.[1] 대뇌 피질의 어느 부분을 제거하든 쥐는 우리 안에 설치된 미로를 기억하는 것으로 보였다. 이 결과와 다른 관찰을 바탕으로 래슐리는 등위성론(기억 상실은 뇌 손상의 위치가 아닌 손상의 정도에 의해 좌우된다)을 제시했던 것이다.

그런데 헨리가 깨어났을 때 발작뿐만 아니라 기억도 사라진 것에 모두들 놀라지 않을 수 없었다. 물론 모든 기억이 사라진 것은 아니었다. 영국 출신으로 맥길 대학교에서 일했던 심리학자 브렌다 밀너Brenda Milner는 포괄적인 신경 심리학 검사를 시작했고, 헨리가 새로운 정보를 장기적으로 기억하지 못한다는 것을 알게 되었다. 몇 초에 걸친 단기 기억에는 문제가 없었고, 과거에 일어났던 일에 대한 기억에도 문제없었다. 그러나 매일 밀너가 헨리를 만날 때마다 헨리는 처음 만나는 것처럼 인사를 했다. 식사를 마친 지 30분 후에 다시 음식을 권하면 그는 처음인 것처럼 식사를 했다. 헨리가 그때까지 기록된 사례들 중 가장 완벽한 형태의 기억 상실에 걸린 것이 명백했다(333쪽 참조). 이는 (이제는 기억 기능에 필수임이 알려져 있는) 해마와 편도체 조직 대부분을 스코빌이 양쪽 뇌에서 잘라냈기 때문이다.

일생 동안 그리고 사후에 헨리는 1만 2000건의 논문에서 거론되었고 100건 이상의 심리학과 신경 과학 연구 과제의 대상이 되었다. 밀너와 스코빌이 1957년에 발표한 그의 기억력에 관한 논문은 4000번 이상 인용되었다.[2] 전 세계 기억력 분야에서 가장 권위 있는 연구자 중 한명인 영국 요크 대학교의 앨런 배들리Alan Baddeley는 나에게 이렇게 말했다. "HM은 신경 과학 역사상 가장 영향력이 큰 환자였다고 해도 과언이 아니다."

밀너의 제자인 MIT의 수잰 코킨Suzanne Corkin이 진행한 연구는 헨리의 기억 중 어떤 부분이 사라졌는지에 대해 새로운 이해를 가져다주었다. 예를 들면 그는 까다로운 기술인 경영 묘사mirror drawing를 배울 수 있었다. 물론 기억엔 전혀 남지는 않았지만 말이다. 경영 묘사는 특정 모양을 거울에 비친 자기 손을 보며 그리는 어려운 작업이다. 헨리의 기술이 향상되는 모습을 통해 그의 절차 기억 체계(예를 들어 우리가 자전거를 탈 때 동원하는 유형의 기억)는 온전했다는 것을 알 수 있었다. 또한 그는 자기 집의 설계를 그림으로 자세히 재현할 수 있었다. 일반 지식도 일부 남아 있었다. 예를 들면 케네디 대통령이 1963년 댈러스에서 암살당한 것을 알고 있었다. 그는 냄새의 정도는 맞추었지만 무엇의 냄새였는지는 알지 못했다. 과학자들은 헨리가 통증에 내성이 강하다는 것을 알게 되었다. 통증 지각은 과거 경험에 대한 기억이 많이 기여한다는 심리적 요소가 있다. 헨리의 통증에 대한 내성은 편도체가 없어진 것과 관계가 있는 것으로 보인다. 편도체는 과거의 고통스러운 경험을 기억하는 역할을 한다.

헨리의 거주지는 그를 연구하는 소수의 과학자에게만 노출되었던 덕분에, 그는 대중 매체의 괴롭힘을 받지 않고 수십 년 동안 코네티컷주 빅포드 건강 관리 센터에서 살았다. 또한 그의 사후를 대비해 뇌를 보존하는 계획이 이미 세워진 상태였다. 그의 유해는 샌디에이고 소재 캘리포니아 대학교의 뇌 관측 연구소Brain Observatory로 옮겨졌고, 뇌는 적출되어 스캔된 후 자카포 아네시Jacapo Annese 연구팀에 의해 2401개의 종잇장처럼 얇은 절편으로 만들어졌다(224쪽 〈그림 14〉 참조). 이 자료는 개별 뉴런 차원까지 보여주는 자세한 디지털 지도를 만드는 데 활용되었고, 전 세계의 과학자에게 2014년에 공개되었다. 53시간에 걸쳐 힘들게 이루어진 절편 과정은 인터넷에서 볼 수 있는데, 그동안 40만 명이 보았다.[3]

2013년 수잰 코킨은 『어제가 없는 남자, HM의 기억Permanent Present Tense』이라는 제목으로 헨리 몰레이슨에 관한 책을 발간했다. "우리는 계속 그에 내해 연구하고 있다"라고 코킨은 일간지 ≪가디언≫과의 인터뷰에서 밝혔니. 영화의 권리는 콜롬비아 영화사와 프로듀서 스콧 루딘Scott Rudin이 구매했다. 헨리는 상냥한 사람이었고 늘 협조적이었다. 자기가 처한 상황에 대한 이해는 부족했으나, 코킨이 그에게 행복하냐고 물었을 때 그는 "나에 대해 과학자들이 알아낸 것이 다른 사람을 돕는다고 생각한다"라고 대답했다.[4]

HM의 판단은 옳았다. 그가 기억력 분야에 남긴 영향은 매우 컸다. 그러나 그것을 긍정적으로 보지 않는 사람도 있다. 2013년 영국 카디프 대학교의 존 애글턴John Aggleton은 HM의 지배적인 영향력이 기억력에 대한 연구에 편향 효과를 가져왔다고 발표했다.[5] 애글턴은 HM의 뇌 손상은 해마뿐만 아니라 백질을 포함해 멀리 떨어진 뇌 영역에도 영향을 미쳤을 것이라고 주장했다.

실제로 헨리의 뇌가 입은 손상의 정확한 범위에 관해서는 논란이 있어왔다. 2014년 샌디에이고 뇌 관측 연구소의 아네시 팀은 처음으로 헨리의 뇌 손상을 삼차원으로 재현했다. 해마의 앞부분은 양쪽 다 흡입술로 제거되었으나 뒷부분은 온전했으며, 이 조직은 살아 있었다.[6] 연구팀은 또한 후각 피질entorhinal cortex이 거의 전부 사라졌다는 것을 밝혀냈다. 이 부분은 대뇌 피질과 피질 하부 뇌 조직에서 해마로 연결되는 '통로'의 역할을 한다. 헨리의 편도체가 완전히 제거된 것도 확인했다. 예상치 못했던 것은 왼쪽 전두엽에 있는 흉터였다. 과학자들은 스코빌이 의도치 않게 남긴 상처로 추정하고 있다. 그리고 이후에 뇌졸중으로 인한 손상의 흔적도 발견되었다. 애글턴은 이 새로운 발견이 헨리의 뇌 손상이 정확히 무엇을 의미하는지 답을 주지 않고 더욱 미궁에 빠지게 한다고 말한다. 해마 뒷부분이 뇌의 다른 부분과 연결되었을 가능성을 남겨놓았다는 것이다.

헨리가 입었던 상처의 범위가 어디까지였는지는 차치하고, 현대 신경 과학이 기억에 관한 한 해마에 집착하는 경향을 보인 것은 사실이다. 이것은 가장 유명한 기억 상실 환자가 양쪽 해마를 모두 잃은 것과 무관하지 않다. 유두체mammillary body와 같이 손상될 경우 심한 기억 상실이 유발될 수 있는 부위의 상처는 훨씬 더 적은 관심을 받았다. "HM의 영향력에 대해 비평하는 것은 신성 모독처럼 느껴진다. 그러나 기억력과 기억 상실에 관한 연구가 해마에만 집중되어 우리의 생각이 지나치게 편향되어 버렸다는 사실은, 우리가 깨닫지 못하는 사이에 지대한 영향을 미친 것으로 보인다"라고 애글턴은 주장한다.

칼 래슐리의 결론, 즉 대뇌 피질 전 부위가 동등하게 기억력에 중요하다는 말은 틀린 것이다. 일부 영역이 다른 영역보다 더 중요하다는 것, 그리고 해마와 편도체가 핵심적이라는 사실은 명백하다. 그러나 애글턴의 주장 역시 옳다. 우리는 지나친 단순화를 경계해야 하고, 해마와 편도체만 중요하다는 가정을 버려야 한다. 앞으로 나올 부분에서 정신 기능이 얼마나 정확히 뇌의 특정 부위에 배정될 수 있는지 다시 살펴볼 것이다(112쪽 참조).

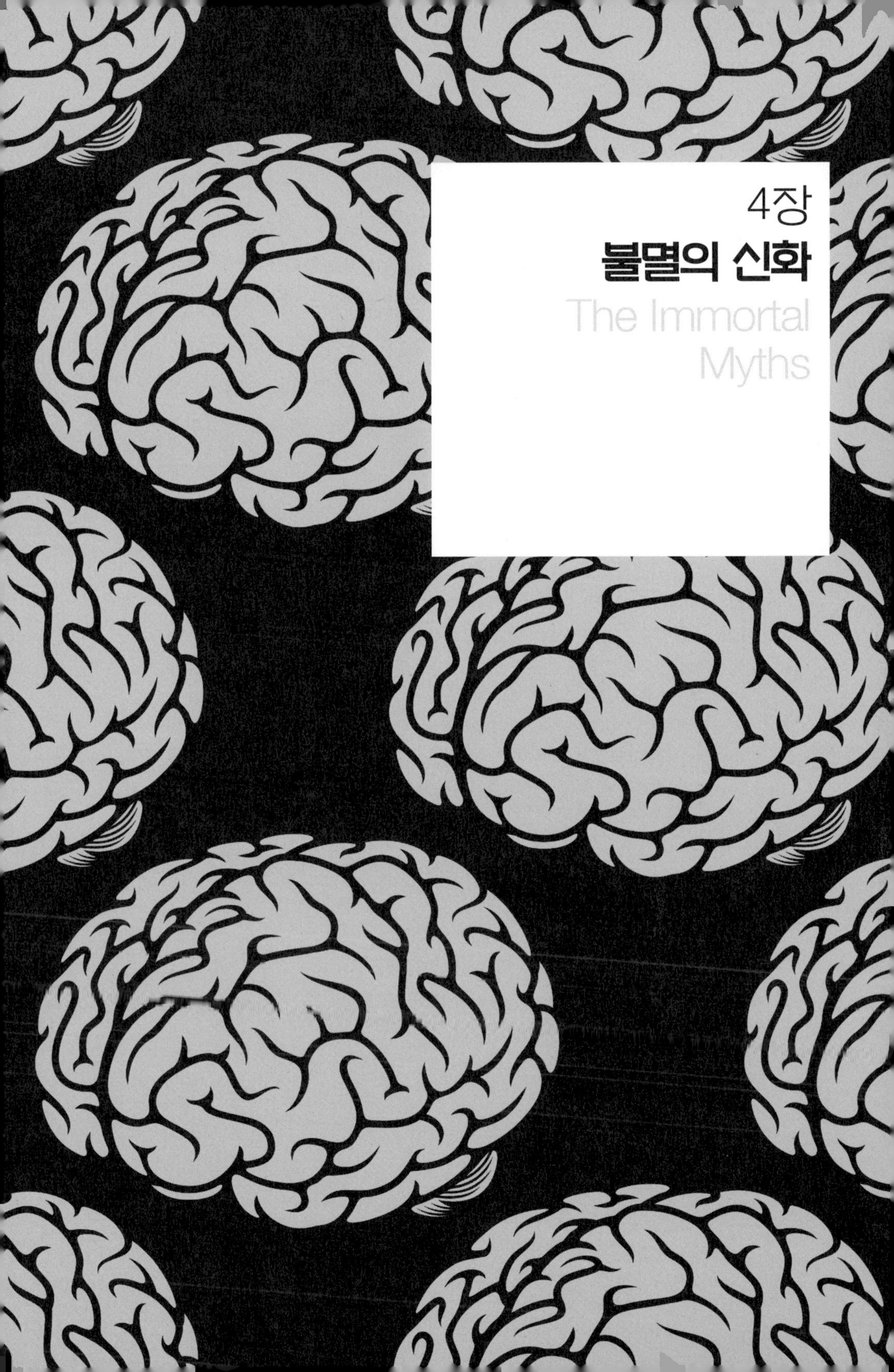
4장
불멸의 신화
The Immortal
Myths

어떤 신화는 김이 빠지기도 하고, 유행에 뒤처지기도 하며, 불신의 경계선에서 간신히 버티기도 한다. 그러나 그 외의 것들은 상반되는 증거가 늘어나는 와중에도 좀비같이 끈질기게 위세를 떨친다. 이런 대중적이고 끈질긴 믿음이 자칭 전문가와 전도사에 의해 돌팔이 교육 강좌나 엉터리 활동에 활용된다. 이런 신화의 지구력은 바로 유혹적인 매력에 기인하는 바가 크다. 사실이었으면 하는 것을 내세우는 것이다. 이 장은 10가지 끈질긴 뇌 관련 신화(혹은 주제)에 관한 것인데, 우리가 뇌를 10퍼센트만 사용한다는 상투적인 이야기부터 임신한 여자는 가장 필요할 때 뇌가 뒤죽박죽된다는 오류까지 담았다.

우리는 뇌의
10퍼센트만 사용한다

이 불멸의 아이디어에 의하면 대부분의 사람은 뇌의 극히 일부만 사용하며 뇌의 어마어마한 잠재력을 내버려 둔다고 한다. 우리가 낭비하는 회백질의 비율은 시대에 따라 바뀌지만, 90퍼센트가 가장 인기 있는 비율이다.

이 주장의 매력은 쉽게 이해된다. 그 누가 자신에게 언제든지 꺼내 쓰기만 하면 되는 잠재적 지력이 있다는 말을 믿고 싶지 않겠는가? 히트 영화 〈리미트리스Limitless〉(2011)에서 한 등장인물이 "우리는 뇌의 20퍼센트만 쓰고 있다고들 하잖아. 이 약을 먹으면 너는 뇌를 모두 쓸 수 있는 거야"라고 말한다. 그리고 그 마술 같은 약을 먹고 브래들리 쿠퍼가 연기한 영화의 주인공은 오랫동안 질질 끌던 소설을 며칠 만에 끝내는가 하면, 외국어를 하룻밤 사이에 배우고, 증권 시장에서 수백만 달러를 벌어들인다.

2014년에는 스칼렛 요한슨이 강력한 약을 투여받은 여자로 등장하는 영화 〈루시Lucy〉가 개봉되었다. 영화 포스터에는 "보통 사람은 뇌의 능력의 10퍼센트만 쓴다. 그녀가 100퍼센트로 할 수 있는 것을 상상해 보라"라고 나온다. 결과는 어마어마했다. 모든 지식을 습득하는 것부터 생각만으로 자동차를 공중으로 날리는 것까지 포함해서 말이다. "나는 인류가 이에 대해 준비되어 있는지 모르겠다"라고, 영화에서 신경 과학자 역할로 나오는 모건 프리먼은 감정 없이 말한다.

광고를 통해서도 이러한 신화가 퍼져나갔다. 에릭 처들러Eric Chudler는 '어린이를 위한 신경 과학Neuroscience for Kids' 웹사이트에 이런 신화를 이용한 유혹을 통해서 잠재 고객을 끌어들이는 예를 제시했다.[1] 한 항공사는 "우리는 뇌 기능의 10퍼센트만 쓴다고 합니다. 그러나 ×××항공사를 이용하시면 훨씬 더 많이 쓰는 것입니다"라고 선전했다.

의학의 오류에 관한 책[2]을 발간한 크리스토퍼 원젝Christopher Wanjek은 이 신화는 1944년에 처음 광고에 나왔다고 밝혔다. 런던에 위치한 자기 계발 관련 통신강좌 조달 업무를 하던 펠먼Pelman Institute사는 신문에 다음과 같이 광고했다. "무엇이 여러분을 막는가? (과학이 입증한) 단 하나다. …… 여러분이 지력의 10분의 1만 쓰고 있기 때문이다."

한 설문 조사는 사람들이 10퍼센트 신화를 널리 믿는다는 것을 보여준다. 여기에는 다음 세대의 교육을 책임진 사람도 포함된다. 2012년에 발표된 논문에서 사너 데커르 연구팀은 137명의 영국 중학교 교사와 105명의 네덜란드 중학교 교사를 대상으로 이 신화에 대해 조사했다.[3] 48퍼센트의 영국 교사가 우리가 뇌의 10퍼센트만 사용한다고 믿었고 26퍼센트는 모른다고 답했으며, 네덜란드의 경우 46퍼센트가 그렇다고 했고 12퍼센트가 모른다고 했다.

이 신화는 전 세계에 널리 퍼져 있다. 리우데자네이루 생명 박물관Museum of Life의 수자나 에르쿨라누오젤Suzana Herculano-Houzel은 2002년에 2000명 넘는 대중을 대상으로 설문 조사를 실행한 결과, 대학 교육을 받은 사람의 59퍼센트가 10퍼센트 뇌 사용설을 믿는 것을 발견했다.[4] 더욱 염려스러운 점은 35명의 신경 과학자 중 6퍼센트가 10퍼센트 신화를 믿는다는 것이다!

신화의 배경

그럼 도대체 뇌 속에 거대한 회백질이 잠자고 있다는 아이디어는 어디서부터 유래한 것일까? 작고한 심리학자이며 신화 타파에 앞장섰던 배리 베이어스타인Barry Beyerstein은 이 신화의 원천을 찾으려고 애썼다. 그 결과, 하나의 결정적인 원인보다는 여러 가지 유력한 가설이 제시되었다. 동시에 많은 경우가 오보와 와전이 원인이었던 것으로 드러났다.[5]

20세기 초반, 심리학의 선구자 윌리엄 제임스William James는 정확한 수치를 제시하지는 않았지만 사람들이 '잠재적 지력'을 가지고 있다고 했다.[6] 그러나 제임스의 지적은 지력과 잠재력에 관한 것이었지 사람이 뇌를 얼마나 쓰느냐는 아니었다. 이 착각이 아마도 10퍼센트 신화가 오랫동안 버티는 이유를 설명할 수 있을 것이다. 이 가설은 사람에 따라 다른 의미를 가지며, 우리에게 미개발된 잠재력이 있다는 것은 사람이 뇌의 작은 부분을 쓰고 있다는 것보다 훨씬 덜한 논란거리인 것이다.

불행하게도 첫 번째 주장은 쉽사리 두 번째 다른 주장으로 변질된다. 신문 기자였던 로웰 토머스Lowell Thomas가 이를 조장한 바 있다. 1936년 출간된 베스트셀러 자기계발서 『인간관계론How to Win Friends and Influence People』의 머리글에서 저자인 데일 카네기Dale Carnegie는 제임스가 사용한 잠재력이라는 단어에 10퍼센트라는 정확한 수치를 덧붙이며 이렇게 썼다. "하버드 대학교의 윌리엄 제임스 교수는 일반인은 본인의 잠재적 지력의 10퍼센트 밖에 개발하지 못한다고 말하곤 했다." 이것을 통해 토머스는 수백 만 명의 독자를 신화의 초기 형태에 노출시킨다.

또 다른 변질은 알베르트 아인슈타인의 말을 인용하는 과정에서 생긴다. 일설에 따르면 아인슈타인의 천재성은 뇌의 10퍼센트만 사용하는 일반 사람들과 달리 뇌의 모든 역량을 사용하는 것에서 나온다고 신문 기자에게 말했다는 것이다. 그러나 베이어스타인이 아인슈타인 기록보관소의 전문가에게 문의해 본 결과, 그런 말을 한 기록은 찾을 수 없었다. 또 하나의 믿을 수 없는 이야기에 불과한 것이다.

10퍼센트 신화에 더욱 힘을 실어준 것은 신경 과학 연구의 왜곡이다. 1930년대 캐나다의 신경외과 의사 와일더 펜필드는 뇌전증 환자의 뇌 표면을 직접 자극해(발작을 줄이기 위한 수술 중에 생긴 기회를 이용했다) 다양한 느낌을 유발할 수 있다는 것을 발견했다. 중요한 것은 펜필드가 자극을 해도 효과가 없는 부위가 있었으며, 이것이 이른바 '침묵의 피질silent cortex'로 알려졌다는 사실이다. 오늘날 해당 부위의 조직은 '연합 피질association cortex(혹은 연합령)'로 불리며, 우리의 가장 섬세한 정신 기능과 관련된다고 알려져 있다. 전두엽 절리술 환자가 부작용 없이 치료되었다는 주장 또한 근거가 없음에도 불구하고 뇌의 많은 부분이 필요 없다는 가설을 뒷받침했다. 그리고 뉴런보다 교세포가 훨씬 더 많다는, 널리 퍼진 그러나 잘못된 인식 역시 우리 뇌세포 중 10퍼센트만 정신적 기능을 한다는 식으로 왜곡되었다.

마지막으로 의료 사례 보고가 있다. 수두증hydrocephalus(뇌 내 유체의 초과 축적) 환자의 경우, 뇌가 정상인보다 작으나 특별한 어려움 없이 기능한다. 그리고 뇌에 총상을 입거나 다른 뇌 부상을 입은 후 뚜렷한 문제를 보이지 않는 무수히 많은 사례가 보고되었다(실제로 심각한 뇌 부상은 반드시 오래 지속되는 후유증이 있다, 326쪽 참조). 이런 사례들이 암시하는 것은 1980년 발행된 ≪사이언스Science≫에 "당신의 뇌는 정말 필요한가요?"라는 도발적인 기사 제목을 통해 제시되었다.[7] 작고한 영국의 신경 과학자 존 로버John Lorber는 같은 대학교에 다녔던 수두증 환자인 학생 한 명에 대해 다음과 같이 설명했다. "학생은 아이큐가 126이었고, 수학과를 최우수 등급으로 졸업했으며, 사회적으로도 완전히 정상이었으나 뇌가 거의 없었다."

1991년에 방영된 같은 제목의 영국 텔레비전 다큐멘터리에서 로버는 자신의 환자 몇 명의 사례를 들며 같은 주장을 폈다. 베이어스타인에 의하면 당시 로버는 논란을 잘 만들어내는 것으로 알려진 사람이었고, 사례 내용은 극적 효과를 위해 과장되었을 것이라고 생각된다. 다큐멘터리에 쓰인 스캔 기법으로는 뇌가 압축된 것과 세포가 사라진 것을 구분할 수 없다는 것이다. 베이어스타인의 주장에 따르면, 제시된 사례에서 뇌가 기형인 것은 사실이나 뇌 줄기 위에 '뇌가 실질적으로 없다'는 것은 사실이 아니라고 한다.

현실

우리는 실제로 뇌의 얼마나 많은 부분을 쓰는가? 진실은 우리가 뇌 전체를 쓰고 있다는 것이다. 무언가 할 일을 기다리는 여분의 뇌 조직은 없다. 이는 실험 대상자에게 아무 생각도 하지 말라고 해도 뇌 활동의 파장이 조직 전체에 있음을 보여주는 수천 건의 뇌 스캔을 통해 확인된 사실이다. 이제 '불이행 모드 네트워크default mode network(내정 상태 혹은 휴지 상태 네트워크)'라는 조직 간 연계 체계는 사람이 외부 자극에 무감각해질 때 활성화됨을 알게 되었다.

10퍼센트 신화에 반하는 다른 증거는 아주 작은 뇌 손상임에도 불구하고 엄청난 폐해를 입은 환자의 사례에서 나온다(325쪽 참조). 뇌가 시간이 흐름에 따라 손상에 대해 놀라운 적응력을 보이는 것은 사실이다. 로버가 다큐멘터리와 ≪사이언스≫에서 보고한 수두증 사례에 대한 설명은 바로 이 가소성可塑性에서 찾을 수 있다. 수두증 같이 서서히 생기는 증상은 뇌가 새로운 길을 찾아 기능하게 한다는 것이다. 그러나 사라진 뉴런 없이도 뇌가 기능하는 방법을 찾는다는 것이 사라진 세포가 원래 아무 일도 하지 않았다는 뜻은 아니다.

실제로 만약 어떤 뉴런이 더 이상 할 일이 없어지면 (예를 들어 팔다리로부터 감각 신호를 받던 뉴런이 절단 사고 이후에 할 일이 없어지면) 그 뉴런은 근처의 신경 체계가 불필요해진 뇌 조직을 '납치'해 활용한다. 이것이 바로 팔이나 다리 절단 수술을 받은 사람의 얼굴을 건드릴 경우 절단된 부위의 존재를 느끼는 환각지phantom limb 현상의 근거이다. 얼굴을 관장하는 뉴런이 절단된 팔이나 다리를 담당하던 회백질을 이용하기 때문이다.

우리가 뇌의 극히 적은 부분만 사용한다는 것은 진화론적 관점에서도 말이 되지 않는다. 뇌는 '기름을 많이 먹기로' 악명 높다. 무게는 전체의 2퍼센트밖에 되지 않으나 에너지의 20퍼센트를 소비한다. 자연 선택에 의한 진화는 비효율적인 것을 제거하는데, 이렇게 많은 에너지를 소진하는 장기가 거의 쓰이지 않는 것이 용납될 리 없다는 것이다. 직원 대부분이 아무것도 하지 않고 앉아만 있는 회사를 상상해 보라. 그들을 오래 내버려 두겠는가? 우리의 뇌세포도 마찬가지다. 우리에게 새로운 기술을 배우고 뇌 손상으로부터 회복할 수 있는 잠재력이 있는가? 틀림없이 그렇다. 뇌의 10퍼센트만을 쓰고 있는가? 절대로 아니다.

우뇌형 인간이 더 창조적이다

"당신은 오른손잡이입니까, 왼손잡이입니까?" 엔터테인먼트 분야 대기업 닌텐도가 파는 〈좌뇌우뇌Left Brain Right Brain〉 게임의 판촉 안내문에 나오는 질문이다. "만약 당신이 양손잡이라면?"이라고 계속되는 문구는 이 게임이 뇌의 양쪽 반구를 모두 훈련시킨다고 주장한다.

이 게임에서 닌텐도는 널리 알려진 좌뇌와 우뇌에 관한 신화를 영리하게 이용한다. 그중에는 다음과 같은 것이 있다. 인간의 양쪽 뇌는 다른 강점이 있다(왼쪽은 합리성, 오른쪽은 창조성), 어떤 사람은 한쪽 뇌가 반대쪽 뇌보다 우세하다, 양쪽 뇌는 상호 소통하지 않는다, (특별한 훈련 없이는) 양쪽 뇌의 강점을 다 살리기 힘들다. 이러한 아이디어에 어느 정도 진실성은 있으나 과대 포장과 지나친 단순화에 희생되고 있다.

이 신화는 자기 계발 지도자에게 좋은 기회가 된다. 그들은 우세하지 않은 뇌 반구(일반적으로 더 창조적인 우뇌)에 갇힌 잠재력을 쓸 수 있게 돕겠다고 약속한다. 다른 '전문가'는 산업계의 문제를 뇌의 양 반구의 문제로 진단한다. 『경영자 vs 마케터War in the Boardroom』 같은 전형적인 경영 분야의 책에서 저자는 회사의 성공은 우뇌 활용자와 좌뇌 활용자가 매끄럽게 소통하는 데 달려 있다고 말한다.[1]

이 신화는 또 남녀 차이와 연결되곤 한다. "남자는 일반적으로 좌뇌가 발달했다. 여자는 우뇌적 성향이 강하나 남자에게 없는 우뇌와 좌뇌 사이에 연결 조직이 있다"라고 '크리스천 워킹 위민Christian Working Women' 웹사이트는 자신 있게 밝힌다.[2] 뇌에 중점을 둔 남녀 차이는 그 자체가 따로 다뤄야 할 신화이기 때문에 뒤에 다시 거론할 것이지만(93쪽 참조), 일단 이는 매우 부정확하고 지나치게 단순화된 결론이다.

　　이 신화의 끈질긴 매력은 집중력과 합리성을 발휘하는 좌뇌와 편견 없고 창조적인 우뇌가 가지는 은유의 힘에 일부 있을 수 있다. 뇌의 반구가 작동하는 방식은 때로는 회사의 직원 유형을 구분하는 데 그치지 않고 특정 언어나 종교를 규정짓는 데 사용되기도 한다. 영국 유대교 최고 랍비 조너선 색스 Jonathan Sacks가 2012년 봄에 BBC 라디오 채널4에서 한 이야기를 보자. "유럽을 번성시키고 창조적으로 만든 것은 우뇌 종교인 기독교가 좌뇌 언어로 해독되었기 때문이다. 초기 기독교 문서는 모두 그리스어로 되어 있다."

　　이 신화의 가장 훌륭한 옹호자는 2009년에 호평을 받으며 출간된 책 『주인과 심부름꾼The Master and His Emissary』의 저자이며 심리학자인 이언 맥길크리스트Iain McGilchrist일 것이다.[3] 장장 534쪽에 걸쳐 꼼꼼하지만 결국 잘못된 논리를 통해 맥길크리스트는 이 신화를 극단으로 몰고 간다. 뇌의 양 반구를 의인화하며 펴는 그의 주장에 의하면, 큰 그림과 전체를 보는 우뇌 중심의 방식을 떠나 전체 맥락을 보지 못하는 원자론적인 좌뇌(심부름꾼) 방식으로 생각하는 것이 금융 위기와 환경 파괴를 포함한 서구 사회의 많은 문제를 야기했다는 것이다. "서양의 방식은 좌뇌 쪽으로 매우 기울어 있는 반면 동양 문화는 양쪽 뇌를 좀 더 고르게 쓴다"라고 맥길크리스트는 덧붙인다.

신화의 배경

인간의 대뇌 피질은 두 개의 좌우 대칭 반구가 붙어 있는 형상이다. 외과 의사가 뇌의 좌우를 갈라 내부를 들여다보았을 때 눈에 보이는 구조적 특징은 양쪽의 동일함일 것이나. 또한 한 가지 확실한 것은 인간과 다른 여러 동물의 경우, 양쪽 뇌가 같은 방식으로 기능하지 않는다는 것이다.

　　이는 19세기에 와서 확실해졌다. 시작은 언어 장애를 보이는 뇌 부상 환자는 손상 부위가 모두 왼쪽 뇌에 있었다는 프랑스 신경 과학자 마르크 닥스의 관찰이었다. 언어 기능이 좌뇌에 편향(즉, 왼쪽 뇌에 의해 제어)된다는 사실은 획기적이었으나, 닥스의 아들이 아버지의 논문을 1865년에 발표하기 전까지 주목받지 못했다.[4] 아들 닥스는 신경 생물학의 새로운 장을 열었던 브로카의 환자인 르보르뉴 사례 발표에 자극을 받아 논문을 발표했다(63~68쪽 참조).

뇌의 좌우 기능 분화 혹은 편재화는 닥스와 브로카를 포함한 당대 학자의 발견 이후 큰 관심을 끌었다. 언어가 좌뇌의 지배를 받는다는 것이 알려지면서, 전문가들은 우뇌의 기능적 특화를 추정하기 시작했다. 영국의 신경 과학자 존 휼링스 잭슨John Hughlings Jackson은 우뇌가 지각에 중요하다고 했고, 프랑스의 신경 과학자 쥘 베르나르 루이Jules Bernard Luys는 감정이 원시적인 우뇌에 배당되어 있고 지성은 개화된 좌뇌 소속이라고 했다. 20세기 후반과 21세기 초반에 나타난 자기 계발 지도자에 앞서, 바로 이때 과학적 진실성보다 상업적 능력이 뛰어난 사람이 각종 뇌 기반 치료법을 제공하기 시작했다. 금속 원반과 자석을 피부 위에 올려놓는 것('금속 치료법'이라고 할 수 있다)이 한 예이다. 이러한 치료법은 한쪽 혹은 다른 쪽 뇌를 대상으로 하며, 성격이나 지적 능력의 향상을 가져온다고 주장했다.[5]

20세기에 들어서 좌뇌와 우뇌의 차이에 관련된 관심은 1960년대까지 별로 높지 않았다. 그러나 뇌 반구 절개 수술을 받은 환자를 대상으로 매우 극적인 심리학 실험이 이루어지면서 분위기가 반전되기 시작했다. 이 환자들은 최후의 뇌전증 치료 방법으로 뇌의 반구를 잇는 두터운 신경 다발(뇌량)을 자른 사람들이다. 이를 통해 놀라운 발견이 보고되었으며, 연구를 이끈 미국의 신경 심리학자 로저 스페리Roger Sperry는 노벨상을 수상했다.

환자에게 똑바로 앞을 보라고 하고 한쪽에만 특정 이미지를 제시하는 것을 통해, 과학자들은 뇌의 분리된 두 반구가 독립적으로 그리고 각각의 기능적 특성을 이용해 행동한다는 것을 알아냈다. 예를 들면 사과 그림을 왼쪽에서 보여주면(시신경이 반대쪽으로 가로질러 가기 때문에 오른쪽 뇌에서 처리됨) 좌우 뇌 절개 환자는 그림 속 물체가 사과라고 말하지 못했다. 이유는 대부분의 사람에게는 언어 기능이 왼쪽 뇌에 있기 때문이다. 그러나 여러 가지 물건이 들어 있는 주머니를 (우뇌에 의해 제어되는) 왼손이 닿게 가져다 놓으면 사과를 집는 것으로 보아, 단지 말을 하지 못할 뿐 그림은 제대로 보았다는 것을 알 수 있다. 따라서 왼쪽 뇌가 없으면 환자는 사과를 잡고 있어도 사과라고 말하지 못한다는 것이다!

모종의 정보를 한쪽 뇌에만 제시하는 유사한 연구를 통해, 과학자들은 좌뇌와 우뇌가 각기 가진 강점과 약점을 파악할 수 있었다. 예를 들면 우세한 언어 처리 능력 외에도 왼쪽 뇌는 문제 풀이에 좀 더 효율적이었다. 또한 위조된 기억을 형성하거나 모자란 정보를 '채워 넣는' 능력도 있었다. 그와 대조적으로 우뇌는 도덕성과 감성을 처리하는 데 관련이 있었으며 다른 사람의 정신 상태를 파악하는 능력(심리학자들은 '마음 이론theory of mind: ToM'이라고 부른다)을 보였다.

신화 바로잡기

뇌의 양쪽 반구가 서로 다르다는 것은 확실하다. 그러나 신경 과학은 이미 양쪽 뇌에 각기 다른 기능을 부여하는 것에서 다른 단계로 넘어갔다. 초점은 정보 처리 방식, 그리고 양 반구가 어떻게 협조하는가에 있다. 특히 두 번째 사안은 중요하다. 좌우 뇌 절개 환자와 달리 대부분의 사람은 뇌량이라는 굵은 신경 다발로 반구가 연결되어 있기 때문이다. 의학 드라마 〈하우스House MD〉의 주인공 그레고리 하우스 박사는 뇌량을 '뇌의 조지 워싱턴 대교*'라고 적절히 표현했다(물론 다른 작은 연설 고리도 있기는 하다). 이는 정보 처리 기능과 인지 기능이 양쪽 반구에 나뉘어 있으며, 협조를 통해 처리된다는 것을 의미한다.

아마도 이렇게 기능적 비대칭으로 진화된 이유는 뇌가 여러 가지 일을

----

*   [옮긴이] 뉴욕시의 맨해튼과 뉴저지주를 잇는 다리이다.

동시에 처리하는 것이 쉬워지기 때문일 것이다. 어둠 속에서 사육돼 양쪽 뇌가 특화되지 못한 닭을 대상으로 한 연구가 이 가설을 뒷받침한다. 이 닭은 다른 닭에 비해 먹이 찾기와 포식자를 경계하는 일을 동시에 하지 못했다.[6]

인간의 좌뇌와 우뇌의 정보 처리 방식에 관한 영상 분석을 통해 중요한 결과를 도출한 논문을, 2003년에 독일의 의학 연구원Institute of Medicine과 런던의 신경 과학 연구원Institute of Neurology에서 일하는 클라스 슈테판Klaas Stephan 연구팀이 발표했다.[7] 과학자들은 실험 대상자에게 일정한 자극을 제시하는 동시에 다른 요구 사항을 제시했다. 자극은 네 글자로 된 독일어 명사였는데, 세 글자는 까만색이고 나머지 한 글자는 빨간색으로 되어 있었다. 질문이 각 단어에 'A'가 포함되어 있는가 여부였을 때는 주로 좌뇌가 활성화되었다. 반대로 빨간색 글자가 단어의 중앙에서 왼쪽이나 오른쪽 중 어느 쪽에 있는가 하고 물었을 때는 주로 오른쪽 뇌가 활성화되었다. 이 연구가 중요한 이유는 양쪽 뇌의 활용은 무엇을 하려고 하느냐에 따라 달라지는 것이지, 어떤 자극이 주어지느냐에 따르지 않는다는 것을 보여주기 때문이다.

그럼에도 불구하고 좌뇌와 우뇌의 처리 방식이 정확히 어떻게 다른지 규정하고 분류하는 것은 깔끔하게 정리되는 일이 아니다. 대중지향적인 심리학자가 자주 들먹이는 '창조적인 뇌 대 논리적인 뇌'와 같은 양쪽 뇌의 상대적 강점은 그렇게 쉽사리 한쪽으로 배정되지 않는다는 것이다. 루르 대학교에서 일하는 게레온 핑크Gereon Fink와 작고한 심리학자 존 마셜John Marshall 등의 연구를 보자.[8] 이들은 한 실험에서 참가자에게 작은 글자로 구성된 큰 글자를 보여주었다. 큰 글자에 집중할 것을 요청하자 우뇌의 활성화가 관찰되었고, 작은 글자에 집중할 것을 요청하자 좌뇌의 활성화가 관찰되었다. 마치 큰 그림 혹은 자세한 내용에 집중하고자 할 때는 뇌의 기능이 양쪽으로 깨끗하게 분리되는 것처럼 보이는 결과다. 그러나 글자 대신 물체를 이용해 같은 실험을 되풀이했을 때 (예를 들면 작은 컵 그림을 모아 만든 큰 닻 그림을 제시했을 때) 결과는 반대로 나왔다. 큰 그림에 집중하면 좌뇌가 활성화되었던 것이다!

종합하면 한쪽 뇌를 다른 쪽보다 더 활성화하는 과업은 깔끔하게 나뉘는게 아니라는 것이다. 좌뇌가 지배적으로 이행하는 언어 기능도 같은 복잡성을 가지고 있다. 좌뇌에 언어 구사 기능이 있다는 것은 잘 알려져 있었는데, 우뇌에도 언어 구사 관련 기능이 있다는 것이 확인되었다. 여기에는 억양이나 강조를 감지하는 능력이 포함된다.

좌뇌 우뇌 신화와 관련해 창조력 문제를 검토해 보자. 가장 널리 회자되는 아이디어가 바로 우뇌는 상상력의 원천이고, '우뇌형' 인간이 더 창조적이라는 것이다. 이와 일관되게 한 연구에서는 실험 대상자가 주어진 문제를 조직적으로 접근하지 않고 통찰력을 발휘해 답을 구했을 때 우뇌가 활성화된다는 결과를 보고했다. 또 다른 연구에서는 수수께끼의 단서를 잠깐 보여주는 것은 좌뇌보다 우뇌의 문제 풀이에 도움이 된다고 보고했다. 마치 우뇌가 본인도 모르는 사이에 답에 더 근접한 것처럼 보인다는 것이다.[9]

그러나 통찰력은 창조력의 한 부분일 뿐이다. 이야기를 풀어나가는 것은 다른 부분이다. 좌우 뇌 절개 사례에 대한 연구에서 나온 가장 흥미로운 발견 하나는 이른바 '해석자 현상interpreter phenomenon'이라고 알려진, 좌뇌가 우뇌의 활동에 대해 이야기를 만들어나가는 현상이다. 이에 관련된 전형적인 상황은 로저 스페리의 학생이었던 마이클 가자니가Michael Gazzaniga가 수십 년간 지속한 연구에서 찾을 수 있다. 시작은 환자의 양쪽 뇌에 각기 다른 그림을 보여주는 것이다. 예를 들면 우뇌에는 폭설을, 좌뇌에는 새 발을 그린 그림을 보여준다. 이후 네 장의 그림을 제시하고 오른손이나 왼손으로 앞에서 보았던 그림과 잘 맞는 그림을 잡으라고 한다.

환자의 (우뇌에 의해 지배받는) 왼손은 폭설과 잘 맞는 삽을 집었고, 오른손은 새 발 그림과 잘 맞는 닭 그림을 집었다. 여기까지는 좋았다. 그런데 가자니가가 환자에게 왜 왼손으로 삽 그림을 집었느냐고 묻자 재미있는 일이 벌어졌다. 우리가 여기서 기억해야 하는 것은, 좌뇌만이 말을 할 수 있는데, 좌뇌는 우뇌의 결정 과정을 알지 못했고 폭설 그림도 보지 못했다는 것이다. 가자니가는 환자가 잘 모르겠다고 답하지 않고 우뇌에 의해 지배된 왼손의 행동을 설명하기 위해 새로운 이야기를 만들어낸다는 것을 발견했다. 한 실험 대상자는 닭장을 치우려고 삽을 잡았다고 말했다.

해석자 현상은 좌뇌가 창조적인 일을 할 능력이 없다고 말하는 것은 지나치게 단순한 말임을 보여준다. 수십 년의 좌우 뇌 절개 연구를 정리한 2002년 ≪사이언티픽 아메리칸Scientific American≫에 기고한 글에서 가자니가는 좌뇌를 "창의적이고 해석력이 있다"라고, 우뇌를 "진실성 있고 고지식하다"라고 했다.[10] 이는 랍비 색스를 포함한 여러 사람이 퍼뜨린 신화와 상반된다.

사람을 우뇌형 인간과 좌뇌형 인간으로 나눌 수 있다는 잘 알려진 주장은 또 어떤가? 이 개념은 너무 불분명해 실제로는 의미가 없다. 사람은 그 순간 어떤 일을 하고 있는가에 따라 양쪽 뇌를 다르게 쓴다. 물론 주어진 과업을 이행하는 데 다른 사람보다 우뇌를 더 많이 쓰는 사람이 있을 수 있으나, 다른 과업이 주어지면 그 반대가 될 수도 있다. 또한 우리는 한쪽 손을 더 많이 쓰며, 이는 우리의 언어 기능이 좌뇌나 우뇌 한쪽에 치우치는 경향과 관련 있다는 것도 사실이다. 그러나 우리가 한쪽 손을 선호하는 것을 뇌의 어느 쪽이 우세한가의 가장 확실한 기준이라고 받아들인다면, (우세한 우뇌를 바탕으로 하는) 왼손잡이는 더 창조적이어야 한다. 실제로 왼손잡이인 것과 창조력이 연관이 있다는 주장은 여러 차례 반복되었다. 그러나 이 역시 또 다른 하나의 신화일 뿐이다(90쪽 "왼손잡이에 관한 신화와 진실" 내용 참조).

이에 관련해 중요한 의미를 가지는 연구를 2013년에 유타 대학교의 재러드 닐슨Jared Nielsen 연구팀이 보고했다.[11] 이들은 수천 명을 대상으로 이루어진 기능성 뇌 스캔 촬영 결과를 조사했다. 과학자가 특별히 관심을 가진 것은 뇌 중추 부위 간의 기능 연결이었으며, 이러한 부위가 한쪽으로 배정되어 있는가 여부였다. 대부분의 경우 각 기능의 중추는 한쪽에 있다는 것이 밝혀졌다. 예상대로 언어 기능의 중추는 좌뇌에 있었고, 주의 기능은 우뇌에 있었다. 그러나 지금 다루고 있는 문제와 관련해서 사람에 따라 오른쪽 혹은 왼쪽의 중추가 더 잘 연결된다는 증거는 없었다. "좌뇌의 네트워크가 더 잘 형성되거나 우뇌의 네트워크가 더 잘 형성된 사람이 있다는 증거는 보이지 않았다"라고 닐슨은 언론에 밝혔다.[12]

마지막으로 좌뇌는 "이해력이 부족하다", "성급히 판단한다", "자아도취적이다", 좌뇌의 목표는 "세상을 이용하는 것이다"라는 이언 맥길크리스트의 주장을 다시 살펴봐야 할 것이다. 실제로 그는 좌뇌는 "교육, 예술, 도덕성, 자연 세계 등 모든 것을 공리주의적 계산의 관점에서만 본다"라고 했다. 또한 서구에서는 좌뇌적 사고에 지나치게 의존하기 때문에 서구인이 "인류사상 가장 지각이 없는 위험한 인간들"이라고 경고했다.[13]

두말할 나위 없이 신경 과학은 이러한 지나친 좌뇌의 의인화를 지지하지 않는다. 또한 뇌의 활용이 서구세계에 문제점을 일으켰다는 증거도 없다. 맥길크리스트는 부인하지만, 그의 중심 논지는 동양과 서양을 바라보는 철학적 차이를 우뇌와 좌뇌의 차이로 연계한 은유에 지나지 않는다. 불행하게도 그는 도를 넘게 신경 생물학을 남용했으며, 동양과 서양의 사고방식에는 근본적이고 상반되는 차이가 있다는 '모호한 개념'을 퍼뜨렸다는 비난을 받았다. 케난 말릭Kenan Malik은 "맥길크리스트는 문화적 차이를 강조하는 오래된 그러나 모호한 논지를 현대화해 뇌에 접목했다. 그렇다고 모호한 논지가 덜 모호해지지 않았다"라고 주장했다.[14]

창조적 우뇌 신화는 한동안 계속 유지될 것으로 보인다. '더 페이시스 아이메이크The Faces iMake: Right Brain Creativity'(우뇌의 창조적 가능성을 계발할 수 있는 정말이지 대단한 도구라고 주장한다)라는 아이패드용 어플리케이션 같은 것들은 지금 당장이라도 최신 버전을 내려받을 수 있다! 논리적인 좌뇌와 창조적인 우뇌 신화는 매혹적인 단순함을 가지고 있다. 이 논리에 따라 나는 어떤 뇌를 가졌을까 의문을 던지게 되고, 약한 쪽을 강화하는 앱을 사게 되는 것이다. 다른 사람이나 언어도 좌뇌형 혹은 우뇌형으로 분류할 수 있다. 진실은 그렇게 간단하지 않다는 말로 이런 개념 체계를 상대하기는 쉽지 않다. 그러나 상대해야 할 가치는 있다. 왜냐하면 우리의 뇌가 어떻게 기능하는가라는 진짜로 매혹적인 이야기가 단순무식한 신화에 묻혀서는 안 되기 때문이다.

대부분의 사람이 오른손 사용을 선호하고 약 10퍼센트 정도만 왼손 사용을 선호한다는 것은 상당히 신기한 일이다. 이 10퍼센트라는 비율은 인류 역사에서 비교적 안정적으로 유지되어 왔다. 전문가는 어떻게 성장기 아이에게서 한쪽 손 사용이 우세해지는지 아직 밝혀내지 못했고, 오른손잡이와 왼손잡이의 비율을 설명하는 데 어려움을 겪고 있다. 여기서 왼손잡이와 오른손잡이의 차이를 둘러싼 수많은 신화와 편견이 생겨났다. 우선 잘못된 호칭부터 바로잡자. 완벽한 왼손잡이 혹은 오른손잡이는 없다. 대부분의 사람은 덜 쓰는 손으로도 무언가를 한다. 더 중요한 구별은 왼손이나 오른손을 선호하는 정도이다(과학자들은 선호도가 없는 경우 '양손잡이'라는 표현을 쓴다).

신화: 왼손잡이는 내성적이고 지적이며 창조적이다

화가와 음악가 중에 왼손잡이가 많다는 일화는 제법 있다. 이는 (왼손을 제어하는) 우뇌에 창조성이 있다는 단순한 논리에 힘입어 날개를 폈다. 옹호론자는 레오나르도 다빈치와 폴 매카트니 그리고 다른 많은 예를 지적한다. 그러나 심리학자 크리스 맥매너스Chris McManus는 여러 차례 상을 받은 그의 책 『오른손과 왼손Right Hand, Left Hand』(2004)에서 "왼손잡이가 더 창조적이라는 주장은 지속되어 왔지만 여태 발표된 과학적 연구에서는 이를 뒷받침하는 증거가 거의 없다"라고 밝혔다.[15] 왼손잡이가 더 내성적이라는 주장에 대해서도 그렇다. 2013년 662명의 뉴질랜드 대학생을 대상으로 이루어진 선호하는 손과 성격에 관한 설문 조사에 의하면 "왼손잡이와 오른손잡이는 성격 요소에서 차이를 보이지 않았다".[16] 그러나 양손을 다 쓰는, 즉 한쪽 손에 대한 선호도가 낮은 사람이 좀 더 내성적이기는 했다. 아이큐는 어떤가? 한 대규모 조사에서는 아무런 관련을 찾지 못했고, 다른 조사에서는 오른손잡이가 약간 높은 것으로 나왔다(두 조사 결과를 합하면 지능과 손의 선호도 사이의 연관은 무시해도 좋은 것이었다).

진실: 왼손잡이의 언어 능력은 좌뇌에 덜 의존적이다

인구의 절대 다수의 경우 언어 기능은 좌뇌에 있다. 그렇게 때문에 좌뇌가 손상되는 뇌졸중이나 다른 좌뇌 부상이 언어 장애를 일으키는 것이다. 오른손잡이의 경우 좌뇌의 우세는 95퍼센트를 상회한다. 그러나 왼손잡이는 이 비율이 70퍼센트로 떨어지며, 이에 포함되지 않을 경우 언어 기능은 우뇌에 위치하거나 양쪽 반구에 고르게 퍼져 있다.

신화: 왼손잡이가 더 일찍 죽고, 면역계 질환에도 잘 걸린다

조기 사망 신화는 1988년 ≪네이처≫에 다이앤 핼펀Diane Halpern과 스탠리 코런Stanley Coren이 기고한 논문 「오른손잡이가 더 오래 사는가?Do Right-Handers Live Longer?」에서 시작된다.[17] 저자들은 야구 선수의 사망 기록을 조사했고, 왼손잡이가 더 일찍 죽는다는 것을 발견했다. 그러나 맥매너스는 이것은 20세기에 들어와 왼손잡이가 늘어났기 때문에 생기는 통계적 오류라고 주장한다. 즉, 왼손잡이는 비교적 최근에 태어났다는 것이다. 맥매너스는 이를 『해리포터Harry Potter』를 좋아하는 사람이 그렇지 않은 사람보다 젊다는 점에 비유해

설명한다. "친척 중에 사망한 사람이 있는 자에게 사망한 사람이 해리포터 소설을 읽었는지 물어보면 틀림없이 『해리포터』 광이 더 일찍 사망한다는 결과를 얻게 될 것이다. 이는 해리포터 팬이 대체로 어리기 때문이다." 이 통계적 논리를 이해하지 못한다면 1994년에 이루어진 크리켓 선수의 수명에 관한 연구의 결론을 보면 된다. 이 연구에서 "왼손잡이인 것과 조기 사망은 아무런 상관이 없다"라고 과학자들은 결론을 내렸다.[18] 노먼 게슈윈드Norman Geschwind가 주장한 다른 신화 하나는 왼손잡이가 면역계 질환에 더 잘 걸린다는 것이다.[19] 크리스 맥매너스와 필 브라이든Phil Bryden은 2만 1000명의 환자와 그보다 더 많은 숫자의 대조군 환자를 대상으로 이루어진 89개 연구의 결과를 분석했다.[20] 맥매너스는 "왼손잡이가 면역계 질환에 더 취약한 경향은 전혀 보이지 않았다"라고 자신의 책에서 밝혔다.

진실: 우리는 늙어가면서 점점 양손잡이가 되어간다

2007년 토비아스 칼리슈Tobias Kalisch 연구팀은 60명의 오른손잡이를 모집해 여러 어색한 손동작을 시험했다. 여기에는 선 따라 긋기, 겨냥하기, 가볍게 두드리기 등이 포함되었다.[21] 평균 나이가 25세인 젊은 참여자 집단이 모든 동작을 오른손으로 했을 경우 훨씬 잘한 반면, 중년(평균 50세)의 오른손잡이 집단은 겨냥하기에서 왼손과 오른손의 성적이 거의 비슷했다. 그리고 나이가 더 많은 두 집단(평균 70세와 80세)의 경우 한 동작을 빼고는 양손이 비슷했다. 불행하게도 나이를 먹으며 생기는 양손잡이의 능력은 오른손의 능력이 떨어져서 생기는 결과였다.

신화: 왼손잡이가 탄압받고 있다

2011년 발간된 왼손잡이에 관한 책(릭 스미츠Rik Smits의 『왼손잡이의 수수께끼The Puzzle of Left-handedness』)의 서평에서 ≪가디언≫의 평론가는 "불행하게도 왼손잡이에 대한 편견은 뿌리 깊고 광범위하다"라고 썼다.[22] 실제로 그런가? 왼손잡이가 과거에 힘든 시절을 겪은 것은 사실이다. 이들 중 다수가 오른손을 쓰도록 강요받았다. 또한 다수의 문화권에서 오른쪽은 올바르고 왼쪽은 나쁘다는 편견이 존재했다. 꼭 필요한 사람을 '오른팔'이라고 하거나 서투르고 어색한 사람에게 '왼발만 두 개다'라고 하는 표현을 봐도 그렇다. '사악한'이라는 뜻을 가진 단어 '시니스터sinister'의 라틴어 어원은 '왼쪽'이다. 무슬림은 오른손으로 음식을 먹고 왼손으로 몸을 씻는다. 그러나 최소한 서구 문화에서는 왼손잡이에 대한 탄압이 끝난 것으로 보인다. 최근 미국 대통령 일곱 명 중 다섯 명이 왼손잡이였다는 사실을 봐도 알 수 있다. 삶이 그토록 힘들었으면 그렇게 높은 빈도로 세계에서 가장 힘 있는 자리를 차지할 수 있었겠는가? 물론 이는 추정에 불과하다. 그러나 앞에서 거론된 2013년의 뉴질랜드 연구 결과를 다시 보자.[23] 여기에는 100명 이상의 전형적인 왼손잡이와 오른손잡이의 성격 차이를 분석한 부분이 있다. 왼손잡이가 더 내성적이면서도 개방적이라고 믿었던 과거가 있기는 하다. 그러나 저자가 기술했듯이 이러한 "예술가적이라는 고정 관념을 부정적으로만 볼 수는 없다. 서구 문화 속 젊은 층에서는 왼손잡이가 낙인찍힌 소수자라고 볼 수 있는 증거가 없다."

진실: 왼손잡이가 다양한 운동 경기에서 유리하다

왼손잡이는 안전 관련 규정 때문에 일부 경기에서는 불리하다. 예를 들면 폴로에서는 타구봉이 항상 말의 오른쪽에 있어야 한다. 그러나 권투나 테니스 같이 경쟁자가 맞붙는 종목에서 왼손잡이에게는 분명한 이점이 있다. 간단히 말하면 왼손잡이가 오른손잡이(대부분의 상대)와 맞붙어 본 경우가 오른손잡이가 왼손잡이를 상대해 본 경우보다 훨씬 많다는 것이다. 이른바 '전투 가설fighting hypothesis'에 의하면, 왼손잡이 비율이 유지되는 진화론적 이유는 바로 싸울 때 이점이 있기 때문이라는 것이다.[24] 권투[25]나 펜싱[26]에서 왼손잡이의 승률이 높다는 것을 증명한 연구도 다수 있다. 마지막으로 혹시 궁금하다면 알려드린다. 여러 유형의 동작에서 왼손잡이가 오른손을 쓰는 것을 오른손잡이가 왼손을 쓰는 것보다 훨씬 더 잘한다.

여자의 뇌가 더 균형 잡혀 있다
(그리고 성별과 뇌에 관한 다른 신화들)

우선 여자와 남자의 뇌에는 구조적 차이가 있다는 것을 명확히 하고자 한다. 그러나 이 분야의 많은 전문가는 진정한 차이와 완전히 허구적인 차이를 구분하지 못한다. 아니면 예전의 신경 과학에서 인정받았으나 이제는 의미가 없어진 남녀 차이에 계속 매달린다. 더욱 나쁜 것은 이런 신화를 퍼뜨리는 사람들이 뇌에서 보이는 차이를 과학적 근거는 전혀 두지 않고 남녀의 행동 차이와 연결시키는 것이다. 그리고 어떤 경우에는 그럴듯한 논리를 특정 정치적 견해나 정책을 옹호하는 데 쓰기도 한다.

신화: 여자의 뇌 기능은 더 균형 잡혀 있고, 포괄적이다

크게 히트를 친 책『화성에서 온 남자, 금성에서 온 여자Men Are From Mars, Women Are From Venus』의 작가 존 그레이를 예로 들어보자. 2008년에 나온 후속작『충돌: 화성 남자 금성 여자를 위한 행복의 전략Why Mars and Venus Collide』에서 그는 "남자는 뇌의 반구 중 한 부분만 사용해 주어진 과업을 수행한다"라고 썼다. 여자는 그에 반해 "많은 상황에서 양쪽 뇌를 모두 사용한다"라고 덧붙였다. 그레이는 이러한 뇌의 차이를 연장해서 남자는 한 번에 하나만 생각한다는 속설을 추론한다. "남자는 어떻게 하면 승진할 수 있을까에 골몰하다가 우유 사오는 것을 잊어버린다."

그레이가 꺼내든 남자의 뇌는 국소적이고 편향적으로 기능한다는 신화는 널리 퍼져 있으며, 무수하게 많은 인쇄물과 웹문서에 인용된다. 구글에서 10초 만에 찾은 캐나다의 인기 웹사이트 ≪스위트 101Suite 101≫에 나온 기사의 저자는 근거 없는 자신감을 가지고 이렇게 말한다. "남의 말을 들을 때 남자는 뇌의 한쪽만 사용하고 여자는 양쪽을 다 쓴다는 것은 사실이다."[1]

이러한 신화의 한 출처는 미국 신경 과학자 노먼 게슈윈드 연구팀이 1980년에 제기한 가설이다.[2] 자궁 내에 남성호르몬인 테스토스테론이 높아지면서 남자아이의 좌뇌는 여자아이의 좌뇌보다 천천히 발생하며, 결국 더 비좁은 공간 때문에 크기에 제한이 생긴다는 것이다.[3] 그러나 게슈윈드의 주장은 사실이 아니다. 노스캐롤라이나 대학교의 존 길모어John Gilmore 팀이 신생아 74명의 뇌를 스캔해 본 결과, 남아의 좌뇌가 여아의 좌뇌보다 작다는 증거는 찾을 수 없었다.[4] 남자의 뇌가 더 편향되어 있다는 아이디어는 위트레흐트 대학교의 의료 연구소에서 일하는 이리스 소메르Iris Sommer 연구팀의 분석에서도 부인되었다. 총 377명의 남자와 442명의 여자를 대상으로 이루어진 14개의 연구 결과를 메타분석한 결과, 언어 능력의 뇌 내 편향성(양쪽 뇌 중 한쪽으로 치우친 정도)은 남녀 간 차이를 보이지 않았다.[5]

이와 관련된 아이디어 하나는 여자가 남자보다 좌뇌와 우뇌를 잇는 뇌량이 더 굵다는 것이다. 이것이 사실이었다면 아마 더 굵은 뇌량이 남자보다 더 효율적으로 뇌 양쪽을 쓰게 할 것이다. 이 문제에 대해 오르후스 대학교의 미켈 발렌틴Mikkel Wallentin이 2009년 논문에서 사후 부검 자료와 뇌 영상 자료를 종합해 발표했다. 그의 결론은 "지금까지 주장되었던 뇌량의 남녀 간 차이는 전설에 불과하다"였다.[6] 2012년에 이루어진 확산 텐서 영상 연구에서 전두엽의 양쪽 뇌 사이 연결은 남자가 여자보다 강하다는 것이 결론이었다.[7]

신화: 여자에게는 예민한 거울 뉴런이 있다

여자가 남자보다 감정 처리에 좀 더 능하다는 증거는 어느 정도 존재한다. 예를 들면 캐나다와 벨기에 연구팀이 발표한 2010년 연구에 따르면 여자가 남자보다 시각이나 청각으로 제시된 두려움과 혐오스러움의 표현을 구분하는 데 더 능숙하다.[8] 그러나 많은 대중 심리학 분야 저자는 이를 윤색해 감정 처리에 능한 여자 뇌의 이점에 관해 거침없이 추정했다. 가장 중요한 장본인은 2006년에 『여자의 뇌, 여자의 발견The Female Brain』을 쓴 루앤 브리젠딘Louann Brizendine이었다. 브리젠딘은 여자는 특히 감정적 미러링mirroring*에 능해 다른 사람의 고통에 더욱 민감하며, 이는 여자에게 거울 뉴런이 더 많거나 더 활성화된 거울 뉴런이 있어 그렇다고 추정했다(196쪽 참조). 거울 뉴런은 영장류에서 처음 발견된 뉴런의 일종으로 특정 행위를 할 때와 다른 개체가 똑같은 행위를 할 때 공통적으로 활성화되는 뉴런이다.

『젠더, 만들어진 성Delusions of Gender』에서 코딜리어 파인Cordelia Fine은 브리젠딘의 주장을 부정하는 데 여러 쪽을 할애한다.[9] 브리젠딘이 인용한 여자의 강한 공감 능력을 보여주는 뇌 영상 연구는 여자만 대상으로 했고, 남자 대조군은 없었다.[10] 책에서 인용된 또 다른 연구는 남자가 보인 고통에 대한 공감과 관련된 뇌 활동은 대상 남자가 공평하게 게임에 임하다가 고통받을 때만 일어난다는 것을 보여준다.[11] 여자는 공평하게 게임에 응했는지에 상관없이 고통받는 사람에게 차별 없이 공감을 보여주는 경향이 있었다. 그러나 브리젠딘은 더 나아가 남자에게 공감 반응이 없는 것으로 해석했다.

거울 뉴런에 관해 파인이 문헌 조사를 한 결과, 남자보다 여자에게 거울 뉴런이 더 많다거나 여자의 거울 뉴런이 더 활발하다는 증거는 없었다. 이 점에 대해 브리젠딘은 하버드 대학교의 심리학자 린지 오버먼Linsay Oberman과 개인적 교신 내용을 증거로 제시했다. 그러나 파인이 오버먼과 연락을 취한 결과, 오버먼은 브리젠딘과 교신을 취한 일이 없으며, 여자가 거울 뉴런 기능이 더 뛰어나다는 어떤 증거도 알지 못한다고 했다!

----

* [옮긴이] 무의식적으로 다른 사람의 행동이나 말에 동조해 동질감을 형성하는 과정이다.

신화: 남자와 여자의 뇌 회로는 다른 방식으로 연결되어 있다

대중 매체와 일부 과학자는 특정 성별에 정형화된 고정 관념을 뒷받침하는 신경 과학 증거를 찾는 데 혈안이 되어 있는 듯하다. 이러한 상황은 그들의 판단력을 흐림으로써 새로운 증거를 피상적이거나 편견을 가지고 해석하게 해, 결국 성별에 관한 기존의 사고방식을 강화하기만 한다.

이것이 바로 2013년 미국의 저명한 학술지인 ≪PNAS≫에 뇌 회로에 관한 논문이 발표되었을 때 생긴 일이다.[12] 펜실베이니아 대학교의 레이지니 버마Ragini Verma가 이끄는 연구팀은 확산 텐서 영상을 이용해 8세에서 22세 사이 949명을 대상으로 뇌 내 연결망을 조사했고, 남자와 여자의 뇌 내 연결망은 다르게 구성되어 있다고 주장했다. 그들은 "남자와 여자의 연결 방식이 근본적으로 다르다"라고 밝혔다.

자세한 내용을 보면, 남자는 각 뇌 반구 내 연결이 촘촘했고, 여자의 뇌는 좌뇌와 우뇌 간 연결이 더 많았다는 것이다. 연구팀은 논문뿐만 아니라 이후 언론 발표를 통해 이러한 차이가 남녀의 행동 차이를 설명하는 데 도움이 된다고 밝히거나 은연중에 암시하기도 했다. 즉, 여자는 직관적으로 생각하고 동시에 여러 가지 일을 수행하는 능력이 뛰어나고 남자는 스포츠와 지도 읽기에 재능을 보인다는 것이다. 작가 존 그레이는 분명히 이 주장을 좋아했을 것이다.

전 세계의 대중 매체도 이 연구 결과에 열광했다. ≪데일리메일≫은 "이러한 연결망은 여자가 여러 가지 일을 수행하기에 적절하다는 것을 말한다"라고 했고, "남녀 간 뇌 회로의 실제적 차이는 왜 남자가 지도를 더 잘 보는지 설명해 준다"라고 ≪인디펜던트The Independent≫도 덧붙였다.

이 연구에 쓰인 기술적 요소는 대단히 인상적이었다. 그러나 불행하게도 연구팀과 언론은 문제를 뒤죽박죽으로 만들었다. 첫째로, 남녀 간 뇌 연결망의 차이는 과학자가 암시했던 만큼 의미 있지 않았다. 과학자들은 '근본적인' 차이를 보였다고 했지만, 다른 전문가가 수치를 다시 분석한 결과, 차이는 통계적 유의성이 있으나 현저하다고 볼 수 없었다.[13] 또한 이 차이는 개인별 수치가 많이 겹치는 평균적 차이라는 것을 기억해야 한다. 남자인 나의 뇌가 이 글을 읽는 여자 독자의 뇌보다 더 여성적일 수 있다는 것이다.

둘째로, 언론 보도의 잘못된 내용과 달리 이 연구에서는 직관적 생각이나 다중 과업 수행과 같은 행동을 조사하지 않았다. 과학자들은 단지 추정했을 뿐이다. 이전에 발표된 연구에서 같은 실험 대상을 상대로 행동 기능 검사를 하기는 했으나, 코딜리어 파인이 지적하듯이 성별 간 차이는 '미미했으며', ≪PNAS≫ 논문에 나온 지도 보기 같은 시험은 여기에 포함되지도 않았다.

버마 연구팀이 자신들이 찾은 결과를 통해 정형화된 남녀 간의 차이를 뒷받침한다는 결론에 도달한 방식은 '역추론'이라고 불리는 논리적 실수이다 (240쪽에 추가적으로 이 실수에 대해 나온다). 그들은 뇌 내 연결망의 차이를 찾은 뒤, 여기에 다른 연구가 제시했던 관련 부위의 기능을 바탕으로 남녀 간의 차이가 가지는 의미를 추정해 버렸다. 예를 들면 좌뇌는 분석적이고 우뇌는 직관적이라는 좌뇌 우뇌 신화를 꺼내든 것이다(82쪽 참조). 과학자들이 남자가 여자보다 좌뇌와 우뇌 간 연결망이 더 촘촘하다고 주장하는 한 부위는 소뇌였는데, 연구진은 남자의 회로가 운동을 위해 만들어졌다는 것을 주장하면서 소뇌의 기능을 운동 조절에만 국한했다. 그러나 소뇌는 다른 많은 기능을 수행한다는 것이 현대 연구에 의해 이미 밝혀진 바 있다. 2009년에 발표한 총설 叢說*에서 피터 스트릭Peter Strick 연구팀은 "소뇌가 보이는 기능의 범위는 놀라울 정도이며 집중력, 실행 제어, 언어, 기억력, 학습, 통각, 감정, 중독에 관련해 감지하고 평가하는 역할을 포함한다"라고 밝혔다.[14]

새로운 연구를 이전 연구 결과의 맥락에서 해석하는 것은 당연히 중요하다. 버마 팀은 이전에 439명을 대상으로 한 연구에서 의미 있는 남녀 간 차이를 보지 못했다고 인정했다. 그리고 우리는 뇌량에 관한 다른 연구들을 알고 있다(94쪽 참조). 뇌량은 좌뇌와 우뇌 사이의 가장 큰 연결 고리이다. 따라서

•   [옮긴이] 어떤 문제의 전체를 통틀어 하는 설명이나 논설을 뜻한다.

버마가 주장하는 것처럼 여자에게 더 많은 연결이 있다면, 일관성 있게 여자에게서 더 두터운 뇌량을 찾을 수 있어야 한다. 그러나 일부 연구에서는 반대 결과가 도출되었다. 내가 ≪와이어드≫ 블로그에 올린 뇌 연결망 연구에 대한 결론이다. "와, 정말로 멋있는 회로 그림이다! 그런데 (과학자들의) 해석은 정말로 아쉽다."

신화: 소녀가 소년보다 큰 크로커스를 가지고 있다

과대 포장된 연구와 편향된 해석은 그렇다고 치자. 이 분야에서 일부 사기꾼의 주장은 과학적 근거가 전무하다. 미국의 한 교육 전문가는 전국을 돌며 강연하면서 여자아이의 "경험의 세밀한 부분을 보는"(발표 자료에 이렇게 나온다) 능력은 남자아이보다 네 배 큰 '크로커스crockus'를 가지고 있기 때문이라고 주장했다.[15] 이는 크로커스가 상상 속의 뇌 부위임을 생각할 때 매우 놀라운 주장이다.

펜실베이니아 대학교의 언어학과 교수 마크 리버먼Mark Liberman은 2007년에 '랭귀지로그Language Log'라는 자신의 블로그에서 크로커스 사건을 자세히 설명한다. 여기에는 왼쪽 전두엽 근처로 추정되는 부위에서 남녀 간 차이의 증거를 찾아보았던 조사의 내용도 포함된다. 리버먼은 2004년 UCLA 의대에서 레베카 블랜턴Rebecca Blanton 연구팀이 진행한 조사를 거론한다.[16] 25명의 소녀와 21명의 소년을 대상으로 이루어진 뇌 스캔 연구에서 비교·분석한 결과, 크로커스 주창자의 주장과 달리 왼쪽 하측 전두회(강연자의 그림에 나온 크로커스와 유사하게 생긴 부위)는 소년이 통계적으로 유의하게 컸다는 것이 밝혀졌다. 남녀 간에 크기가 엇갈리는 경우도 있었다.

성별에 따른 뇌의 차이에 대해 중요한 점을 다시 한번 강조해야 할 것 같다. 남녀 간 뇌 구조의 평균에 차이가 있을 수는 있어도 이것을 바로 행동의 차이로 추론할 수는 없다. 따라서 우리는 근거 없이 추론되고 왜곡된 뇌 연구를 바탕으로 남녀의 교육 방식의 차별화를 열렬히 주장하는 사람을 비판적인 시각으로 바라봐야만 하는 것이다.

그렇게 봐야 하는 사람 중 한 명이 '남녀 분리 공립 교육을 위한 전국 연합National Association for Single Sex Public Education'이라는 조직을 운영했던 레너드 색스Leonard Sax이다. 색스는 발간물을 통해 뇌의 차이를 고려해 여자아이와 남자아이는 다르게 교육받아야 한다는 주장을 폈다. 예를 들면 남자아이는 편도체(감정 처리에 관련된 피질하 영역)가 여자아이보다 늦게 대뇌 피질과 연결을 맺는다고 했다. 그리고 이로 인해 남자아이가 자신의 감정에 대해 이야기하는 데 어려움을 갖게 된다고 주장했다.[17]

색스가 인용한 뇌 스캔 연구 논문에는 11세에서 15세 사이의 소년 9명과 9세에서 17세 사이의 소녀 10명을 대상으로 공포에 질린 얼굴을 바라보게 하는 실험의 결과가 나온다.[18] 과학자들이 실제로 편도체와 피질 간 연결을 본 것은 아니다. 이를 위해서는 다른 유형의 스캔 기법이 필요하다. 실제 이행된 것은 공포에 질린 얼굴을 보는 동안 편도체와 전전두엽의 활성 정도를 비교였다. 과학자들은 추가로 활성 정도의 차이와 나이를 비교했다. 색스가 물고 늘어지는 발견은, 나이가 많은 여자아이는 피질 대 편도체의 활성 비율이 어린 여자아이보다 높았지만 남자아이의 경우 차이가 없었다는 부분이다.

이는 자체적으로 흥미로운 발견이기는 하다. 그러나 일단 대상자의 숫자가 적었고, 여자아이의 나이 차이가 좀 더 컸으며, 요구된 행동은 완전히 수동적인 것이었다. 이 실험이 소녀와 소년이 어떤 감정을 가지게 되는지, 그리고 감정 처리 방식에 관련해 어떤 의미를 갖는지는 말하기 힘들다. 저자들도 "결론은 잠정적인 것이다"라고 인정했다. 그런데 이 결과의 연장선상에서 남녀 간의 감정 표현 능력 차이를 말하는 것은 어마어마한 비약이다. 더 나아가 이를 바탕으로 남녀 간 교육 방식의 차별화를 주장하는 것은 말도 안 될 뿐더러 잠재적으로 위험하기까지 하다. 혹시 궁금해할까 봐 알려드리는데, 2014년에 184종의 연구를 메타분석한 결과 남녀를 분리해 교육하는 것이 남아나 여아에게 교육적 이점이 있다는 증거는 전혀 나오지 않았다.[19]

현실

앞서 밝힌 대로 평균적인 남자의 뇌와 평균적인 여자의 뇌는 차이가 있다. '평균적인 뇌'라는 것을 강조하는 이유는 중간에 겹치는 부분에 속하는 사람의 비율이 높고, 남녀 간 차이는 많은 수의 남녀를 대상으로 평균을 비교할 때만 확실히 드러나기 때문이다. 그런 차이점 중 하나가 뇌의 크기다. 상대적으로 큰 몸을 고려하더라도 남자가 여자보다 뇌가 크다.

이는 여러 차례 기록된 바 있다. 샌드라 위텔슨Sandra Witelson 연구팀이 58명의 여자 뇌와 42명의 남자 뇌의 무게를 사후에 각각 재본 결과, 여자의 뇌는 평균 1248그램이었고 남자의 뇌는 평균 1378그램이었다. 남녀 간에 겹치는 부분이 있기 때문에 일부 여자는 일부 남자보다 뇌가 더 크다. 1998년에 덴마크에서 발표된 논문에 따르면 남자의 큰 뇌는 신피질neocortex에 뉴런이 16퍼센트 더 많다는 것을 의미한다고 한다.[20]

남녀 간의 차이는 뇌의 각 부위에서도 보인다. 예를 들면 기억과 관련된 해마는 여자가 더 크고, 편도체는 남자가 더 크다.[21] 뇌의 국소 부위의 활성화 양상도 남녀 간 차이를 보인다. 감정적 기억은 여자에게는 왼쪽 해마를, 남자에게는 오른쪽 해마를 활발하게 하는 경향이 있다. 외투 외피막(회백질로 구성됨)은 여자가 더 두껍고, 여자가 일반적으로 높은 회백질 대 백질(절연체 역할을 하는 세포로 구성됨) 비율을 보인다.[22] 그러나 이런 차이는 성별보다 뇌의 크기에 달린 것일 수도 있다. 다시 말하자면, 작은 뇌가 높은 회백질 비율을 가지는데, 바로 여자의 뇌가 작은 경향을 보이기 때문에 회백질의 비율이 높다는 것이다.

남녀 간 뇌의 차이를 이용해 행동의 차이를 설명하려 하는 것은 떨치기 힘든 유혹이다. 남자의 정신 회전 시험mental rotation tasks*에서의 우월성, 그리고 여자의 감정 처리의 우수성 같은 현상을 설명하려 할 때 바로 그렇다.[23]

---

*   [옮긴이] 평면이나 입체의 심상을 회전시켜 분별하는 능력을 평가한다.

사실 우리는 성별 간 뇌 차이의 의미를 잘 알지 못한다. 심지어는 차이점이 행동의 유사성을 가져올 수도 있다. 이는 '보상 가설compensation theory'이라고 알려져 있으며, 뇌의 활성화 양상이 다름에도 불구하고 각종 과업에 임할 때 남자와 여자가 유사하게 행동하는 이유를 설명해 준다. 이에 관련해서 여자아이와 남자아이가 우스운 비디오를 볼 때 관찰한 뇌 영상 연구를 보자. 여자아이의 뇌는 농담에 좀 더 강한 반응을 보였으나, 비디오에 대한 주관적인 감상은 남자아이와 다르지 않았다.[24] 또 다른 흔한 실수 중 하나는 물리적 증거를 지나치게 직접적으로 행동학적 설명에 적용하는 것이다. 국소적인 뇌의 활동을 정신 집중의 증거로 간주하는 것을 예로 들 수 있다.

남녀 간 행동 차이가 대중 매체에서 보여주는 것처럼 고정되어 있지는 않다는 사실을 기억하는 것도 중요하다. 문화적·사회적 기대감이나 압력도 중요한 역할을 한다. 예를 들면 여자에게 '여자는 정신 회전 시험이나 수학에 약하다'고 말하는 것은 실제로 성적을 떨어뜨린다(이른바 '고정 관념의 압박stereotype threat'이라는 현상이다). 그러나 그들에게 동기를 부여하는 긍정적 정보를 주거나 가명으로 시험에 응하게 하면 남녀 간 차이는 사라진다.[25] 한편 능력에 관해 성 관련 고정 관념이 강하지 않은 나라일수록 여자가 과학 과목을 더 잘하는 것으로 나타났다(그러나 이 두 가지 사례의 인과 관계는 반대일 수도 있음을 기억해야 한다).[26]

남녀 간 차이를 지나치게 단순화하거나 일반화하는 것은 잔인한 자기충족적인 예언이 되어 남자와 여자가 근거 없는 고정 관념의 틀을 벗어나지 못하는 결과를 초래한다는 것을 알려준다. 실제로 이런 신화를 퍼뜨리는 것이 사회 발전을 방해할 수도 있다는 증거가 있다. 엑서터 대학교 과학자들이 2009년에 실행한 연구에 따르면, 성별에 따른 행동학적·생물학적 차이는 고정된 것이라는 논지에 노출된 사람은 사회가 여자를 차별하지 않는다는 것에 동의할 가능성이 높아진 것으로 나타났다.[27]

마지막으로, 남녀 간의 뇌 차이가 의미 있는 현상임을 인정하는 것은 나름 중요하다. 그리고 그 차이는 조심스레 해석해야 한다(파인은 "이 세상에서 남자의 뇌와 가장 비슷한 것은 여자의 뇌"라는 것을 강조한다). 그러나 정치적 올바름을 지나치게 의식해서 차이가 있음을 부인하는 것은 옳지 않다. 신경 과학자 래리 카힐Larry Cahill은 2006년 논문 「신경 과학에서 성별이 중요한 이유Why sex matters in neuroscience」에서 성별에 따른 뇌의 차이점을 제시했다. 성별에 따른 뇌의 차이점을 이해하는 것은 뇌에 대한 이해 자체를 도울 뿐 아니라 남자와 여자 각각에서 훨씬 더 많이 보이는 자폐증이나 우울증에 대한 새로운 지식을 가져다줄 수 있다. 메릴랜드 의과 대학교의 마거릿 매카시Margaret McCarthy 연구팀도 2012년 논문 「뇌의 성별 간 차이: 그리 불편하지 않은 진실Sex differences in the brain」에서 이에 동의한다.[28]

성별은 퇴행성 뇌 질환과도 관련 있다. 알츠하이머병의 경우 뇌에 있는 신경섬유 덩어리는 여자에게 더 심각한 위험 인자이며, 여자 알츠하이머병 환자는 남자 환자보다 더 심한 정신 기능 상실을 보인다는 증거도 있다(325쪽 뇌 부상 관련 내용 참조).[29] 실용적 측면에서 보자면, 뇌 연구를 진행하며 남녀 간의 차이가 가져오는 혼란스러운 측면을 고려하는 것도 늘 중요하다. 매카시 연구팀은 "남자만 대상으로 한 연구의 숫자는 놀라울 정도로 많고, 이런 양상은 바뀌지 않는다"라고 지적한다.

성별 차이의 원천에 관한 논쟁의 축소판이 된 이슈가 있었다. 바로 여자아이가 분홍색을 선호하느냐, 그리고 만약 그렇다면 이것이 선천적이냐 아니면 문화적 산물이냐에 관한 논란이었다. 2007년 뉴캐슬 대학교의 과학자가 남녀 실험 참여자에게 색깔 있는 네모 중 하나를 고르게 했다. 양성 모두 푸른색 색조를 선호했으나, 여자아이는 남자아이보다 붉은색을 더 많이 선택했다.[30]

영국만 아니라 중국에서도 같은 결과가 나왔다. 과학자들은 여자가 역사에서 사냥보다 과일을 따는 쪽으로 특화되어 왔기 때문에 "배경보다 붉은 색조를 띈 물체를 선호한다"라고 결론 지었다. 무비판적인 뉴스 머리기사가 뒤를 이었다. BBC 온라인에 나온 "소녀가 분홍색을 좋아하는 진짜 이유"가 대표적이다.[31]

그러나 다른 연구 결과는 색에 대한 성별 선호가 선천적이지 않다는 것을 보여준다. 2011년 바네사 로부Vanessa LoBue와 주디 드로치Judy DeLoache의 논문에는 7개월에서 다섯 살 사이의 남아와 여아 192명을 대상으로 다양한 색깔의 작은 물체(컵 받침대 혹은 플라스틱 클립)를 제공한 결과가 설명되어 있다.[32] 성별 간 차이는 두 살을 넘겼을 때 보이기 시작했다. 여자아이는 분홍색을 선호했고 남자아이는 분홍색을 피하기 시작했다(두 살 전에는 그렇지 않았다). 이때가 바로 어린아이에게 성별에 대한 인식이 생기는 때임을 고려하면 여아의 분홍색 선호는 선천적이라기보다는 학습된 것일 가능성이 있다.

지난 몇 년 사이에 이 논란은 새로운 국면을 맞았다. '여아는 분홍색, 남아는 푸른색' 문화는 상대적으로 최근에 생긴 현상이며, 1920년 이전에는 반대였다는 것이다. 1890년 주부 잡지 ≪레이디스 홈 저널Ladies Home Journal≫에는 이렇게 나온다. "순 흰색은 공용이고, 색깔을 원하면 남아는 분홍색, 여아는 푸른색으로 하면 됩니다." 이 성별의 반전을 지난 10년간 여러 저자와 언론인이 인용하면서 색깔 선호는 선천적이라는 개념을 완전히 없애버린 것으로 생각되었다.

그러나 2012년에 투린 대학교의 마르코 델기우디체Msarco del Giudice가 바로 앞에서 나온 성별 반전이 일종의 도시 괴담이라고 주장하면서 흥미로워지기 시작했다.[33] 그에 의하면 이 반전은 조 B. 파올레티Jo B. Paoletti가 잡지에서 발견한 짧은 문구에 근거한 것이고, 그 문구는 단순한 실수나 오타로 생긴 것일 수 있다는 것이다. 기우디체는 미국과 영국에서 1800년과 2000년 사이에 발간된 모든 책을 대상으로 구글 엔그램 뷰어 문헌 검색을 실행했다. '여아는 푸른색blue for a girl', '여자아이들은 푸른색blue for girls', '남아는 분홍색pink for a boy', '남자아이들은 분홍색pink for boys' 등의 문구는 하나도 찾을 수 없었다. 반면에 '남아는 푸른색blue for boys', '여아는 분홍색pink for girls' 등은 1890년에 처음 나와서 제2차 세계대전 이후에 많이 보였다.

물론 이 역시 성별과 색깔의 연계가 문화적 현상이라는 것과 모순되지 않으나, 기우디체의 논문은 20세기 초에 성별의 반전이 있었다는 것을 성공적으로 반박하는 것 같다. 전체적으로 보아 이 이야기는 어떻게 신화가 만들어지고 확산되는지 보여주는 한 예인 듯하다. 이러한 이야기 말고도 2013년에는 성별에 따라 선천적으로 선호하는 색깔이 있다는 설을 반박하는 논문을 클로이 테일러Chloe Taylor 연구팀이 발표했다.[34] 서구식 소비문화와 분리되어 있는 나미비아 시골의 힘바족은 여사가 붉은색이나 분홍색을 좋아하는 경향이 없다고 한다.

성인의 뇌에서는
새로운 뇌세포가 만들어지지 않는다

성인이 되면 새로운 신경망의 연결과 새로운 세포 간 접속은 가능하나 새로운 뉴런을 생산하지는 못한다. 저축은 있으나 수입이 없는 사람처럼, 우리는 뉴런의 잔고가 줄어드는 것을 지켜볼 수밖에 없다. 이는 한때 신경 과학계 전체가 믿었던 잘못된 생각이다. 늘어나는 증거에도 불구하고 지난 세기 마지막까지 권위 있는 과학자들이 놓지 않았던 생각이기도 하다.

'성체의 뇌에는 새로운 세포가 없다'라는 신조의 뿌리는 스페인의 위대한 신경 과학자 산티아고 라몬 이 카할의 글에 그 뿌리를 둔다(37쪽 참조). 카할은 부상에 대한 뇌의 반응 기전에 관한 획기적인 연구를 했다. 그는 20세기 초반 학자 대부분이 동의했던 '가혹한 칙령'을 제시했다. 즉, 포유류 성체의 중추 신경계(뇌와 척수)에서는 새로운 뉴런이 생산되지 않고, 재생의 잠재력은 말초 신경계(중추 신경계에서 나머지 신체로 뻗어 나가는 조직)나 간과 심장 같은 다른 장기에 비해 제한되어 있다는 것이다. 피부에 상처를 입으면 피부가 다시 만들어지지만, 머리를 부딪치면 뇌세포 일부를 영원히 잃는다는 것이다. 사람들은 이렇게 믿어왔다.

"발생이 멈춘 후 축색 돌기와 수상 돌기의 '성장과 재생의 샘'은 돌이킬 수 없이 말라버린다." 이것은 1913년 발간된 카할의 역작 『신경계의 퇴행과 재생Degeneration and Regeneration of Nervous System』에 나온 말이다.[1] 그는 "성체의 중추 신경계에서 신경 경로는 고정된 것이고, 멈춘 것이며, 바꿀 수 없는 것이다. 모든 세포는 죽을 수밖에 없고, 재생되는 것은 없다"라고 덧붙였다. 카할의 판단은 지난 세기 내내 지지받았고, 임상 사례의 관찰 역시 일치하는 것으로 보였다. 뇌졸중으로 뇌 손상을 입은 사람은 이후 언어, 운동, 기억 등에서 장애를 보인다. 재활은 가능하지만 길고 어려운 과정이다.

도그마와의 투쟁

카할의 판단이 잘못되었을 수 있다는 첫 번째 증거는 분열하는 세포를 표지하는 새로운 기법을 쓴 MIT의 조지프 앨트먼Joseph Altman과 고팰 다스Gopal Das에 의해 1960년에 제시되었다.[2] 그들은 쥐, 고양이, 기니피그에서 새로 생성된 뉴런이 해마(뇌 깊숙이 위치한 둘둘 말린 조직), 후각 신경구olfactory bulb(냄새 감각과 관련됨), 대뇌 피질에 있다는 증거를 보고했다. 앨트먼은 권위 있는 학술지에 결과를 발표했지만 이 보고는 학계에서 거의 무시되었다. 연구비는 바닥났고, 앨트먼은 논란이 덜한 연구를 진행하기 위해 다른 대학교로 옮겼다.[3]

학계의 반응이 차가웠던 이유 중에는 표지 방법의 기술적 한계도 있었다. 또한 일부 전문가는 새로 생성된 세포는 뉴런이 아니고 교세포라고 주장했다. 당시에는 신경 줄기세포라는 개념이 존재하지 않았다. 이 미성숙한 세포는 분열하면서 특정 뇌세포로 바뀔 수 있다. 이런 세포가 있다는 것을 모르는 상태에서 과학자들은 새로운 뉴런은 이미 존재하는 성숙한 뉴런의 분열을 통해서만 생성될 수 있다고 생각했다. 그러나 그들은 또한 성숙한 뉴런이 분열하는 것이 불가능하다는 것을 알고 있었다.

역사학자 찰스 그로스는 여기에 다른 숨은 의도가 있다고 믿는다. 즉, 보수파의 일원이 수십 년 동안 유지되어 온 '새 뉴런은 없다no new neurons'라는 교리를 유지하기 위해 의도적으로 새로운 증거를 무시했다는 것이다. 2009년에 발간된 수필집『머리에 난 구멍Hole in the Head』에서 그로스는 앨트먼의 회고를 인용한다. "일부 영향력 있는 신경 과학자에 의해 우리가 제시한 증거를 은폐하려는 은밀한 시도가 있었다. 그리고 나중에는 우리 실험실을 폐쇄해 아예 입막음을 하려고 했다."[4] 그로스에 의하면 앨트먼의 선지적인 발견이 있은 지 15년 후에 소장파 연구자 마이클 캐플런Michael Kaplan이 좀 더 정제된 기법을 사용해 앨트먼의 연구 결과를 확인했다. 캐플런도 권위 있는 학술지에 연구 결과를 발표했으나 신경 과학계는 이번에도 심각하게 받아들이지 않았다.

2001년 신경 과학의 최신 동향을 보고하는 학술지 ≪트렌즈 인 뉴로사이언스Trends in Neurosciences≫에 본인의 경험을 직접 밝히면서 캐플런은 다음과 같이 말했다. "혁명 중에는 어느 편에 서는가를 확실히 해야만 한다. 1960년대와 1970년대에 성체 뇌에서도 뉴런이 생성된다는 것을 지지했던 사람들은 무시당했거나 침묵을 강요받았다." 결국 캐플런은 자신의 발견에 대한 저항에 좌절해 연구계를 떠나 임상 의사의 길을 걸었다.[5]

앨트먼의 논문과 캐플런의 논문 이후 성체의 신경 발생에 관한 추가 증거는 1980년대에 이르러서 페르난도 노테봄Fernando Nottebohm 연구팀이 진행한 연구의 결과로 나타나기 시작했다. 이들은 카나리아 수놈의 노래 부르는 행동과 관련된 뇌 부위의 크기가 계절에 따라 변한다는 것을 보여주었다.[6] 노래를 배워야 할 필요가 커지면 해당 뇌 부위의 뉴런 숫자도 늘어났다. 이와 유사하게 박새는 겨울이 되어 먹이가 귀해지면서 기억력이 더욱 요구될 때 해마에 새로운 뉴런이 생겨났다.[7]

그럼에도 불구하고 도그마는 계속 유지되었다. 성체 신경 발생에 대해, 회의론자들은 모든 발견은 쥐와 새에 국한된 것이고 사람을 포함한 영장류에는 적용되지 않는다고 주장했다. '새 뉴런은 없다'는 입장의 옹호자 중 한 명은 저명한 학자이자 신경 과학 협회Society for Neuroscience: SFN 회장을 역임했던 예일 대학교의 파스코 라키츠Pasko Rakic였다. 그의 연구팀은 1980년대 중반에 붉은털원숭이에서는 성체 신경 발생의 증거를 찾을 수 없다는 논문을 발표한 바 있다.[8] 라키츠는 "사람들은 내가 '잘 들어, 새 뉴런은 없어'라고 말한 사람이라고 이야기한다. 그것은 절대 내 입장이 아니었다. 나는 페르난도의 새 이야기에 반대한 것이 아니다. 단지 그가 새에서 관찰한 현상이 사람에게도 적용된다고 말한 것에 반박했을 따름이다"라고 2001년에 발표한 ≪뉴요커≫ 기사에서 밝혔다.[9]

라키츠에 의하면 카나리아는 매 계절 새 노래를 배워야 하기 때문에 새로운 뉴런을 생성하는 것이 합리적이라는 것이다. 그러나 인간은 사회생활을 영위하는 데 필수인 정교하고 지속적인 기억력을 위해 새 뉴런을 생성하는 적응력을 포기하는 대가를 치렀다고 주장했다. 라키츠의 생각은 신경 발생이 좀 더 단순한 뇌를 가진 종에서 널리 퍼져 있다는 보편적 관점과 일치하는 것이었다.

성인 인간의 뇌 속 신경 발생

라키츠의 반박에도 불구하고, 1980년대와 1990년대를 걸쳐 분열하는 세포를 표지하는 방법이 발전하면서 성체 신경 발생의 증거가 쥐와 새뿐 아니라 영장류에서도 관찰되기 시작했다. 이런 관찰의 상당 부분은 프린스턴 대학교의 엘리자베스 굴드Elizabeth Gould의 실험실에서 이루어졌다. 그녀는 나무두더지, 마모셋원숭이, 마카크원숭이 성체의 뇌에서 새로이 생성된 뉴런을 관찰했다고 보고했다.[10] 이 동물은 열거된 순서대로 인간과 진화적으로 더 가깝다. 라키츠 연구팀은 처음에는 결과에 비판적이었으나, 이후 라키츠 본인도 성체 영장류의 뇌에서 새 뉴런의 존재를 확인했다.[11]

그러나 아마도 '새로운 뉴런은 없다'라는 신조를 완전히 파괴한 건 성인 인간의 뇌에서 신경 발생이 일어난다는 발견일 것이다. 이것은 쉬운 일이 아니었다. 동물을 대상으로 하는 연구는 동일한 방법으로 진행되었다. 동물은 분열 전 세포를 표시하는 염색 물질을 주사받는데, 시간이 지나면 염색 물질이 딸세포들에 전달된다. 그리고 연구자들은 연구에 따라 몇 분, 몇 달 혹은 몇 년이 지난 후 동물을 죽여서 뇌의 절편을 만든다. 그다음 세포를 뉴런 혹은 교세포로 분간하게 하는 다른 염색이 가해진다. 그중 처음 주입된 염색 물질이 있는 뉴런은 새로 생성된 것이 분명할 것이다.

뇌를 절편으로 만들어 현미경으로 관찰한다는 것을 고려하면, 이러한 실험을 사람을 대상으로 실행할 수 없다는 것은 자명하다. 그러나 1990년 후반에 페테르 에릭손Peter Eriksson이 신경 발생 관찰에 쓰던 브로모디옥시유리딘bromodeoxyuridine이라는 염색 물질을 암 환자를 대상으로 세포의 성장을 관찰하는 데 사용한다는 사실을 알아냈다. 이 분야 다른 개척자 중 한명인 프레드 게이지Fred Gage(피니스 게이지의 후손[12], 59쪽 참조)와 함께 에릭손은 다섯 환자의 해마를 사후에 조사하는 실험을 승인받았다. 물론 예측이 가능한 부분이지만, 다섯 명 모두의 해마에서 염색된 뉴런을 관찰했을 때의 흥분을 상상해 보라. 이는 뉴런의 발생이 염색 물질이 주사된 이후 일어났다는 것을 확인해 주는 결과였던 것이다.[13] "이 환자들은 이 목적을 위해 자신의 뇌를 기증한 것이고, 성인의 신경 발생에 대한 증명은 이들의 넓은 도량 덕분에 가능했다"라고 게이지는 2002년 논문에 기술했다.[14]

성체 신경 발생의 추가적인 직접 증거는 2013년에 발표된 독창적 연구에서 찾을 수 있다.[15] 스웨덴 카롤린스카 연구소Karolinska Institutet의 키르스티 스팔딩Kirsty Spalding 연구팀은 1955년에서 1963년 냉전 시대에 이뤄진 지상 핵폭탄 실험의 결과로 공기 중에 동위 원소인 탄소14 농도가 높아졌다는 사실을 이용했다. 공기 중에 확산되어 식물로 흡수된 탄소14는 수십 년 동안 서서히 줄어들었고, 이것이 사람 세포의 탄소14 농도에 영향을 미쳤다. 우리가 식물을 섭취하면 탄소14가 우리 몸 안으로 들어오고, 세포가 분열할 때 그 농도가 DNA에 기록되기 때문이다.

사후 기증된 수십 개의 뇌를 보면서 과학자들은 탄소14의 농도를 이용해 해마 내 치상회dentate gyrus(모습이 치열과 유사하다고 해서 붙은 이름)에 있는 뉴런을 포함한 세포의 나이를 측정했다. 1955년 이전에 태어난 사람의 뇌에 있는 뉴런 내 탄소14의 농도는 그들이 태어나고 자랐을 때 대기 중에 있었던 탄소14의 농도보다 높았고, 이는 성체 뇌에서 뉴런이 새로 만들어졌음을 의미했다. 추가 분석을 통해 성체 해마에서 약 700개의 뉴런이 매일 만들어지며 뉴런이 생성되는 정도는 나이가 들면서 조금 낮아질 뿐이라는 것을 알게 되었다.

오늘날 인간을 포함한 포유류의 뇌의 두 부위에서 새로운 뉴런이 만들어진다는 사실이 널리 받아들여졌다. 한 곳은 앞에 나온 해마 내 치상회이고, 다른 한곳은 뇌 척수액이 들어 있는 뇌 내 공간의 일부인 측뇌실lateral ventricle

이다(226쪽 〈그림 16〉 참조). 측뇌실 부위에서 만들어진 뉴런은 부리 쪽 이동 줄기rostral migratory stream라는 통로를 통해 후각 신경구(전뇌 아래 위치한, 냄새 감각을 처리하는 중간 연결 신경 조직)로 이동해 간 다음, 시간이 지나면 이미 그곳에 존재했던 뉴런과 유사하게 변한다. "신경 발생은 단발적 사건이 아니고 긴 과정이다"라고 2003년 게이지는 다른 논문을 통해 밝혔다.[16]

의혹은 남아 있다

우리는 이제 성체 신경 발생이 가능하다는 것을 알고 있지만, 여러 가지 의혹과 논란은 여전히 남아 있다. '뜨거운' 이슈 중 하나는 전두엽에 새 뉴런이 있는가 하는 것이다. 프린스턴 대학교의 엘리자베스 굴드 연구팀은 이를 뒷받침하는 증거를 찾았다고 주장했으나,[17] 원조 불신자인 라키츠는 그렇지 않다는 결과를 발표했다.[18] 줄기세포는 뇌의 여러 부위에서 분리가 가능하지만, 외실과 해마에서만 아직 파악되지 않은 과정을 통해서 뉴런을 생성한다.

현재 진행형인 시급한 문제는 성체 신경 발생이 기능적으로 의미가 있느냐는 것이다. 뇌졸중이나 발작은 신경 발생을 매우 강하게 촉진시키지만, 역설적으로 뇌에 해를 끼치는 것으로 보인다. 이 현상을 재활의학에 활용하기 위해서는 여러 해의 공들인 연구가 필요할 것이다. 줄기세포의 분열·분화·이동을 제어하는 분자에 대해 더 많이 알아야 하며, 새로이 생성된 뉴런이 기존의 신경망에 포함되는 것을 제어하는 인자들에 대해서도 배워야 한다.

새로운 해답이 나오기 시작했다. 엘리자베스 굴드, 트레이시 쇼어스Tracey Shors, 프레드 게이지가 진행한 연구에서 새로운 뉴런이 생성되는 속도는 환경 요소에 달려 있다는 흥미로운 증거가 제시되었다. 1999년에 발표된 바에 의하면, 쳇바퀴 위에 가만히 앉아 있는 쥐에 비해 운동을 하는 쥐는 2배 가까이 더 많은 뉴런을 만들어낸다. 운동하는 쥐의 해마 내에서 생성되는 뉴런의 수는 하루에 1만 개에 달한다고 한다.[19] 공간 학습과 연합 학습이 가능하고 다른 동물과 소통을 할 수 있으며 놀 거리가 많은, 즉 자극을 많이 주는 환경에서 또한 생성되는 뉴런의 숫자가 늘어났다.[20] 2013년에 쇼어스 연구팀은 새로운 기술을 몸에 익히는 행동(예를 들면 회전하는 막대기 위에서 균형 맞추기) 역시 쥐의 치상회에서 새로이 생성되어 살아남는 뉴런의 숫자를 늘린다는 것을 발견했다.

이러한 연구에서 일관성 있게 나타나는 것은 배우기 만만치 않은 과제의 경우에만 신규 뉴런의 생존을 보호하고 기능적으로 뇌에 융합되도록 한다는 것이다. 이는 늙은 쥐에도 적용된다. 2013년 한 연구에서 쥐에게 균형감을 가르쳐 보았는데, 쉽게 균형을 잡을 수 있는 상황에서는 신규 뉴런의 생존율이 늘어나지 않았다. 이는 균형을 잡기 어려운 상황에서 실패한 쥐도 마찬가지였다. 또 다른 연구에서는 신경 발생이 방지된 쥐의 경우 장기 기억력 시험에서 낮은 실적을 보였다.[21] 종합해 보면, 학습 그리고 신규 뉴런의 생성과 그 운명은 의미 있는 연관성을 보이는 것 같다. 그러나 이 새로 태어난 세포가 어떻게 배움의 과정을 돕는지는 아직 모른다.

한 가설은 이 세포가 새로운 기억의 형성 시기를 기록한다고 추정한다. 또 다른 아이디어는 새로운 뉴런이 이른바 '유형 구분pattern separation'(즉, 유사한 상황을 분리할 수 있는 능력)에 관여한다는 것이다. 유형 구분이 없으면 상황을 지나치게 동일화하는 경향이 생긴다. 예를 들면 불꽃놀이의 무해한 소리를 폭탄 소리로 오해하는 것 같은 경우다. 이 추정은 항우울제나 항불안제가 신경 발생을 촉진함으로써 치료 효과를 보인다는 연구 결과와 일치한다. 이를 통해 환자들은 과거에 경험했던 것과 비슷한 위협이지만 안전한 상황인 때에 위협을 느끼지 않도록 해준다는 것이다. 굴드에 의하면 스트레스와 위협은 반대로 신경 발생을 억제한다고 한다.

이와 관련된 2007년 발표 연구를 보면 항우울제의 장기 복용은 알츠하이머병 환자에게 도움이 된다고 한다.[22] 이러한 현상은 신경 발생에 미치는 영향을 통해 이루어졌을 수 있다는 것이다. 그러나 다른 결과는 그다지 밝지 않은 전망을 제시한다. 2011년 아르투로 알바레스부이야Arturo Alvarez-Buylla가 이끄는 연구팀의 발표에 의하면, 신경 줄기세포가 줄을 지어 측뇌실에서 후각 신경구로 이동하는 현상은 18개월 미만의 아이에서 쉽게 확인된다고 한다(추가로 피질로 가는 기대치 않았던 세포도 있었다). 그러나 이 이동은 좀 더 나이를 먹은 아이에서는 매우 미미해지고, 성인의 뇌에는 실질적으로 존재하지 않는다고 한다.[23] 이는 손상된 뇌 부위에 인공적으로 신경 발생을 유도할 수 있다는 희망에 찬물을 끼얹는 것이다.

종합해 보면, 한 세기 동안 믿었던 '새로운 뉴런은 없다'라는 신조는 틀린 것으로 보인다. 그러나 성체 신경 발생을 이용해 뇌 손상이나 뇌 질병을 치료할 수 있는가, 그리고 심지어 건강한 뇌의 능력을 강화할 수 있는가를 포함한 많은 의문이 남아 있다. 일부 전문가는 낙관적이다. "신경 발생을 촉진하는 약으로 뇌 질환을 치료하는 날이 올 것이다"라고 2003년에 게이지는 밝혔다. 그러나 2012년에 관련 분야 글에서 신경 과학자 출신의 저술가 모 코스탄디는 좀 더 비관적인 관점을 보였다. "어쩌면 오래된 신조가 맞는지도 모르겠다. 뇌는 가소성보다 안정성을 더 선호하는 것 같다. 성체 단계까지 남아 있는 신경 줄기세포는 맹장과 같은 진화의 유산일 수도 있다".[24]

뇌에는 신성한 지점이 있다
(그리고 신성한 영역에 관한 신화들)

신성 지점God spot에서 종교적 경험이 유래한다는 가능성은 끊임없는 흥미를 일으킨다. 이 집착은 종교성의 신경 과학적 해석을 찾으려고 하는 과학자들이 부채질하고 있다. 그뿐만 아니라 모종의 이유 때문에 작가와 머리기사를 뽑는 기자는 과학의 범주를 넘어서서 최적의 영적 지점이 뇌 어디엔가 있다는 생각을 계속 재탕하고 있다. 그 결과로『당신의 신성 지점: 뇌와 마음이 어떻게 믿음을 만드는가Your God Spot』(제럴드 슈멜링Gerald Schmeling 지음) 같은 책이나 2009년 ≪인디펜던트≫에 실린 "믿음과 '신성 지점'"과 같은 기사가 나왔다.[1]

이 신화의 기이한 점은 신성 지점이나 신성 부위를 실제로 믿지 않는 작가에 의해 선전된다는 것이다. 매슈 앨퍼Mattew Alper는 2001년『뇌의 하나님 부위The 'God' Part of the Brain』라는 제목의 책에서 실제로는 어떤 특정 뇌 부위도 종교적 믿음과 연결시키지 않는다. 이와 유사하게 신문 머리기사도 신성 지점을 거론하면서 기사 내용은 그 존재를 부인하는 양상을 보인다. "뇌의 신성 지점에 관한 연구가 신앙과 관련된 뇌의 영역을 밝힌다"라는 제목의 영국 ≪데일리메일≫ 기사도 제목과는 반대의 내용을 담고 있다.[2]

이 ≪데일리메일≫의 기사는 2009년 발표된 연구 내용을 소개한다. 일간지 ≪인디펜던트≫에도 나온 내용인데, 신에 대해 생각할 때 활성화되는 부위(여러 곳임)는 우리가 다른 사람의 감정이나 의도에 대해 생각했을 때 활성화되는 부위와 같다고 한다.[3] "종교만을 위한 신성 지점이 따로 있는 것이 아니다"라고 연구자 조던 그래프먼Jordan Grafman은 ≪데일리메일≫에서 밝혔다. 또한 그는 "우리가 매일 다양한 신뢰 체계에 쓰는 뇌 부위 안에서 종교 역시 처리된다"라고 ≪인디펜던트≫에 덧붙였다.

그 시작

종교적 숭고함의 원천은 수 세기 동안 학자를 매료시켰으나, 신경 구조 내 신성 지점에 관한 최근의 생각은 1950년대 캐나다의 신경외과 의사 와일더 펜필드의 관찰에 뿌리를 둔다. 그는 심한 뇌전증으로 수술을 받은 환자의 노출된 측두엽 피질을 전기로 자극할 경우 환자가 특이한 육체적 감각과 격한 감정을 가지게 된다는 것을 관찰했다.

이후 1960년대에 런던에서 일하는 임상 의사 엘리엇 슬레이터Eliot Slater와 A. W. 비어드A. W. Beard가 모즐리 병원과 영국 국립 신경과·신경외과 병원의 69명의 뇌전증 환자에 대해 보고했다.[4] 이 중 4분의 3이 측두엽 뇌전증temporal lobe epilepsy을 보였고, 38퍼센트가 "예수님이 하늘에서 내려오시는 것을 보는" 것과 같은 종교적인 혹은 신비적인 경험을 했다는 것이다. 신비로운 경험을 한 사람의 4분의 3은 측두엽 뇌전증 환자였다(그러나 이는 전체 환자 중 측두엽 뇌전증 환자와 같은 비율임을 기억해야 한다).

이러한 초기 관찰은 측두엽이 종교적 경험과 모종의 관계가 있다는 생각의 씨를 뿌렸고, 해당 부분의 뇌 안에 하나의 신성 지점 혹은 모듈이 있다는 신화를 부추겼다. 1970년대에 와서 노먼 게슈윈드와 스티븐 왁스먼Stephen Waxman이 측두엽 뇌전증 환자 일부가 강력한 종교적 감성과 참을 수 없는 집필욕을 포함한 여러 가지 독특한 증상을 보였다고 보고했다. 이는 이른바 게슈윈드 증후군Geschwind syndrome 혹은 측두엽 인격temporal lobe personality이라는 개념을 탄생시켰다.[5] 역사학자와 정신 과학자들은 이후 잔 다르크, 사도 바울, 에마누엘 스베덴보리, 심지어는 무함마드를 포함한 많은 매우 종교적인 인물도 측두엽 뇌전증을 앓고 있었다고 추정하기도 했다.

좀 더 최근에는 영향력 있는 신경 과학자이자 과학 커뮤니케이터 빌라야누르 S. 라마찬드란Vilayanur. S. Ramachandran에 의해 측두엽과 종교 경험의 연계성이 퍼졌다. 샌드라 블레이크슬리Sandra Blakeslee와 공저한 베스트셀러 『라마찬드란 박사의 두뇌 실험실Phantoms in the Brain』에서 그는 (손에 나는 땀을 기준으

로) 종교와 관련된 단어를 보면 극적인 감정 상승을 겪는 두 명의 측두엽 환자를 거론한다.[6]

이 내용 때문에 라마찬드란은 해당 사례가 신성 지점과 관계가 있다는 생각을 바로잡기 위해 많은 노력을 기울여야 했다. "몇 년 전에 대중 매체는 내가 측두엽에 신성 지점 혹은 신점이 있다는 말을 한 것처럼 보도했다"라고 그는 2003년 방영된 BBC의 〈호라이즌Horizon〉이라는 프로그램 중 "뇌 안에 신God on the Brain" 편에서 말했다. "이는 완전한 난센스다. 신과 관계된 측두엽 내 특정 부위는 없다. 단, 측두엽의 일부분의 활동이 종교적 믿음을 원활하게 할 수는 있다."

여기에는 '신의 헬멧God Helmet'도 등장한다. 신경 과학자 마이클 퍼싱어 Michael Persinger의 이 이상한 기구만큼이나 신성 지점 신화를 확산시킨 것은 없을 것이다. 캐나다 온타리오주 로렌티안 대학교의 퍼싱어는 신의 헬멧(그는 발명자의 이름을 따서 코런 헬멧Koren helmet이라고 부름) 효과를 1980년대에 처음 보고했다. 퍼싱어에 의하면 이 헬멧은 1~5마이크로테슬라의 약한 자기장을 측두엽에 걸어 대부분의 사람에게 기이한 느낌을 유발하며, 때로 보이지 않는 존재를 감지하게 하거나 신을 마주 대하게 한다는 것이다. 2006년 발표된 논문에서 퍼싱어 연구팀은 수십 년에 걸쳐 이루어진 19번의 실험에서 모은 407명을 대상으로 한 연구 자료를 발표했다.[7] 결론은 "보이지 않는 존재의 감지, 지각이 있는 존재의 느낌은 실험실에서 인위적으로 만들 수 있다"라는 것이었다.

작가와 기자가 왜 신앙심 깊은 뇌전증 환자와 강력한 신의 헬멧에 매료되는지 쉽게 이해된다. 실제로 많은 사람에게 측두엽의 신성 지점은 당연한 것이 되어버렸다. 오늘날 신성 지점의 가장 유명한 신봉자는 의사이자 자칭 임사 체험 전문가인 멜빈 모스Melvin Morse이다. 그는 〈오프라 윈프리 쇼the Oprah Winfrey Show〉, 〈래리 킹 라이브Larry King live〉 등 여러 인기 TV 프로그램에 출연했다. 그는 2001년에 뇌와 종교성에 관한 책을 홍보하면서 "오른쪽 측두엽이 영적 시현의 원천이라는 것은 잘 알려져 있다"라고 주장했다.[8] 미국의의식 과학 연구소Institute for the Scientific Study of Consciousness는 자신들의 웹사이트에서 "우리 모두 신성 지점을 가지고 있다. 이 뇌 부위는 우리 육체 밖에 있는 지식 그리고 지혜의 원천과 소통을 허락한다"라고 주장했다.[9]

현실

이렇게 유명한 지지자가 많지만 측두엽과 강한 종교적 느낌을 특별하게 연관 짓기에는 근거가 약하다. 우선, 측두엽 뇌전증 환자가 겪는 종교적 경험의 빈도는 매우 과장되었다. 2012년 심리학 잡지 ≪사이콜로지스트The Psychologist≫에서 크레이그 에이언스톡데일Craig Aaen-Stockdale 은 1990년대 후반에 발표된 광범위한 연구를 조명한다.[10] 여기에는 일반인 사이에서 기대했던 것보다 적은 비율인, 137명의 측두엽 뇌전증 환자 중 세 명만이 종교적 경험을 한 것으로 보고되어 있다.[11]

전문가들은 또한 역사 속 종교적 인물에게 소급해 내렸던 진단에 대해서도 의문을 제기한다. 잔 다르크의 예를 보자. 2005년에 발간된 「유명한 그 사람들은 정말로 뇌전증이 있었나?Did all those famous people really have epilepsy?」라는 논문에서 존 휴스John Hughes 는 뇌전증 증상으로 나타나는 기이한 지각적 경험은 '빛이 반짝하는 정도로' 매우 단순하고 짧다는 것을 지적한다.[12] 이에 반해 잔 다르크는 여러 시간에 걸쳐 정교한 시각적 경험을 했다. 휴스가 인용한 다른 뇌전증 전문가 피터 펜윅Peter Fenwick에 의하면 "측두엽 뇌전증과 측두엽 병변이 신비한 혹은 종교적인 경험과 관계있다는 것은 측두엽의 기능에 관한 과학적 이해보다는 저자의 열광에 기인한다"는 것이다.

퍼싱어의 신의 헬멧도 비판받기 시작했다. 스웨덴 웁살라 대학교의 페르 그란크비스트Pehr Granqvist 연구팀은 엔지니어에게 헬멧을 제작하게 하고, 89명을 대상으로 (실험자와 대상자 모두 도구가 켜졌는지 모르는) 이중맹검 실험을 수행했다.[13] 2005년에 발표된 결과에 따르면 헬멧을 통한 자극이 종교적 경험을 유발하거나 보이지 않는 존재를 감지하게 한다는 증거는 전혀 없었다. 암시에 잘 걸리는 대상자의 경우 좀 더 이상한 느낌을 받는 경향을 보였는데, 이는 바로 퍼싱어가 보고한 놀라운 효과가 어떻게 얻어졌는가에 대한 힌트를 제공했다. 신의 헬멧이 생성하는 자기장이 워낙 약했기 때문에 그란크비스트가 아무런 효과를 보지 못한 것은 놀랄 일이 아니었다. 에이언스톡데일이 ≪사이콜로지스트≫ 기사에서 밝혔듯이 헬멧이 생성한 자기장은 1마이크로테슬라였고, 이는 "냉장고 문에 붙이는 자석의 5000분의 1에 해당하는 힘"이었다. 퍼싱어는 그란크비스트의 해석에 동의하지 않았고, 스웨덴 연구팀의 자기장이 제대로 기능하지 않았다고 주장했다.

측두엽에 관한 구체적인 주장은 그렇다고 하더라도, 신성 지점이 뇌 어디엔가 있다는 주장은 다수의 수녀와 신부를 포함한 종교인을 대상으로 이루어진 뇌 스캔을 통해 터무니없는 주장임이 밝혀졌다. 내부적으로 모순이 자주 발견되는 이러한 연구의 명백한 결론은, 신앙심과 종교적 경험은 뇌 전체에서 보이는 다양한 활성 양상과 연계된다는 것이다. 앤드루 뉴버그Andrew Newberg와 유진 다퀼리Eugene d'Aquili가 불교 승려를 대상으로 진행한 실험에 의하면, 우뇌 전전두엽이 활성화되었고(집중의 효과로 추정됨) 두정엽 활동은 억제(유체 이탈의 느낌과 관련될 수 있음)되었다.[14] 그에 반해 같은 실험실에서 '방언'(노래하고 알아들을 수 없는 소리를 내고 온 몸으로 황홀감을 느끼는 등의 현상으로, 일부 사람은 신령에 의한 기적이라고 믿음)을 하는 다섯 명의 여자를 대상으로 실행한 뇌 스캔에서는 전두엽의 활동이 억제된 것으로 볼 수 있었는데, 이는 자기 제어와 집중의 하락을 나타내는 것이다.[15]

몬트리올 대학교의 마리오 보레가르Mario Beauregard의 실험실에서는 수녀 15명의 뇌를 세 가지 다른 상황에서 뇌 스캔을 실행했다. 세 가지 다른 상황은 눈을 감고 쉬는 상황, 감정이 격했던 사회 경험을 기억하는 상황, 하나님과 일체감을 느꼈던 순간을 기억하는 상황이었다.[16] 마지막 종교적 상황은 여섯 곳의 뇌 부위의 활성화와 일치했다. 여기에는 미상핵, 뇌섬, 열성두정엽, 전두엽 일부분, 그리고 측두엽 일부분이 포함된다. 과학 잡지 ≪사이언티

픽 아메리칸 마인드Scientific American Mind≫를 통해 보레가르는 같은 대학교의 유사한 연구와 본인의 연구 결과를 요약해 다음과 같이 밝혔다. "측두엽에만 있는 신성 지점은 없다."[17]

다른 부위에 관련된 신화

신성 지점에 대해 보여준 집착은 뇌의 어떤 지점을 향한 집착 현상의 일부일 뿐이다. 대중 매체는 신경 성감대에서 대뇌 유머 감각 지점까지 새로운 것을 내놓는 것에 열중하고 있고, 우리는 망설임 없이 이를 덥석 무는 것이 현재 상황이다. 2012년 여름, 이 책의 초고를 쓸 무렵 ≪애틀랜틱≫에 "과학자들이 아이러니 감지 센터를 발견하다!"라는 제목의 기사가 실렸다.[18] 내용을 보면 "과학자들이 자기 공명 촬영을 이용해 아이러니를 이해하는 데 필요한 뇌의 중추를 찾아냈다"라고 나온다. 2014년 ≪뉴욕타임스New York Times≫에 나온 뇌 부위 관련 기사 제목은 "뱀이 무서운가요? 시상침pulvinar(시상의 일부)(23쪽 참조) 때문에 그렇습니다"였다.[19]

2012년 ≪애틀랜틱≫에 실린 기사가 바로 문제의 핵심을 알려준다. 특정 뇌 부위나 뇌 구조에 대해 우리가 보이는 집착의 문화는 심리학과 신경 과학에서 1990년대 이후 폭발적으로 늘어난 뇌 영상 촬영 실험에 의해 부채질되고 있다. 즉, 특정 행위를 이행하는 사람과 다른 상황(가만히 있거나 다른 행위를 이행하는 상황)에 치한 사람의 뇌 내 혈류의 양상을 비교하면서 특정 행위와 관련 있는 뇌 부위를 찾아내는 것이다(235, 253쪽 참조).

이러한 스캔 기법을 이용한 연구는 경두개 자기 자극 기법에 의해 보완된다. 경두개 자기 자극 기법은 앞에서 설명한 대로 뇌 내 특정 부위의 활동을 일시적으로 마비시키는 방법(가상 마비라고 불림)이며, 마비 이후의 효과를 관찰하는 방법이다. 이 방법은 특정 부위가 특정 정신 기능의 성공적 수행에 필요한가를 알려주는 장점이 있다.

뇌에 기능별로 특화된 부위가 존재한다는 사실에는 의심의 여지가 없다. 이 장기는 꿈틀대는 균질한 덩어리가 아니다. 우리는 19세기부터 신경 과학자들이 보고해 온 환자의 국부 뇌 손상이 가져오는 영향을 통해 이에 관해 알고 있다(63~68쪽 참조). 그러나 실제로는 신문 기사 제목이 우리에게 암시하는 것보다 훨씬 복잡하다. 특정 뇌 부위가 특정 정신 기능에 관련이 있다고 해서 그 부위만 중요한 것도 아니고, 그 부위가 가장 중요한 것도 아니며, 그 부위가 해당 기능만 이행하는 것도 아니고, 늘 해당 기능을 이행하는 것도 아니다.

이는 어느 정도 상식의 문제인 것이다. 다양한 기능을 어떻게 정확히 정의할 것인가? 다른 사람에 대해 생각하는 것이 뇌에서 어떻게 구현되는지 의문을 던질 수는 있다. 그럼 고통받는 사람에 대해 생각하는 것은 어떻게 구현되는가? 고통받는 가까운 친척에 대해 생각하는 것은 다르게 구현되는가? 정신적 고통을 받는 누이에 대한 생각은? 여러 기능에 대한 정의는 한도 끝도 없이 다양한 것이다. 그리고 도대체 어떤 차원의 부위를 찾고 있는 것인가? 대뇌 피질 위의 불거져 나온 부위(뇌회), 특정 뉴런 군이 이루는 네트워크, 아니면 특정 뉴런(23쪽 참조)?

아이러니를 감지하는 과정을 보자. 두말할 나위 없이 여기에는 다른 여러 기초적인 [언어뿐 아니라 타인의 의도와 관점을 이해하는(이른바 마음 이론)] 과정이 필수적이다. ≪애틀랜틱≫기사로 돌아가 보면, 저자들은 "우리는 환자가 구두로 전달된 아이러니를 이해하는 과정에서 이른바 마음 이론 네트워크(한 부위가 아니다!)가 활성화되는 것을 증명했다"라고 기술한다. 이후 기자인 로버트 라이트Robert Wright는 제목이 지나치게 과장되었다는 것을 인정했다. "물론 마음 이론 네트워크 바깥 부위도 아이러니를 감지하는 데 역할을 할 수 있다." 그러나 자극적인 제목의 유혹을 어떻게 떨쳐내겠는가? 어쩌면 그의 기사 자체가 하나의 교묘한 아이러니였는지도 모르겠다.

정신 기능과 해부학적 뇌 부위를 결부시킬 때 얼마나 '줌인'을 해야 하는가가 얼마나 어려운 문제인지는 전전두엽의 상황을 보면 알 수 있다. 프랑스 국립 보건 의학 연구소Institut national de la santé et de la recherche médicale: INSERM의 찰스